DESIGN

PROCESS

设计"一本通"丛书

设计流程

陈根 编著

电子工业出版社

Publishing House of Electronics Industry

北京·BEIJING

内 容 简 介

本书的内容涵盖了设计流程的多个重要环节，在许多方面提出了创新性的观点，包括设计流程概述、设计计划的制订、目标市场的选择及设计定位、设计调研、分析问题并厘清用户需求、创造性设计思维、设计的展开与深入、设计方案的完善与报告的撰写、设计的可用性测试及设计评价 9 个方面的内容，全面介绍了设计流程专业的相关知识和所需掌握的专业技能。

本书从实际出发，用众多案例对设计理论进行通俗且形象的解析，适合设计专业及相关行业的人员阅读与学习，还可作为高等院校学习设计执行、设计管理、设计营销与策划等方面知识的学生的教材和参考书。

图书在版编目（CIP）数据

设计流程 / 陈根编著 . — 北京：电子工业出版社，2022.8
（设计"一本通"丛书）

ISBN 978-7-121-43921-6

Ⅰ . ①设… Ⅱ . ①陈… Ⅲ . ①产品设计 Ⅳ . ① TB472

中国版本图书馆 CIP 数据核字（2022）第 118183 号

责任编辑：秦　聪　　　　特约编辑：田学清
印　　刷：河北迅捷佳彩印刷有限公司
装　　订：河北迅捷佳彩印刷有限公司
出版发行：电子工业出版社
　　　　　北京市海淀区万寿路 173 信箱　　　邮编：100036
开　　本：720×1000　　1/16　　印张：16　　字数：256 千字
版　　次：2022 年 8 月第 1 版
印　　次：2022 年 8 月第 1 次印刷
定　　价：98.00 元

凡所购买电子工业出版社图书有缺损问题，请向购买书店调换。若书店售缺，请与本社发行部联系，联系及邮购电话：(010) 88254888，88258888。
质量投诉请发邮件至 zlts@phei.com.cn，盗版侵权举报请发邮件至 dbqq@phei.com.cn。
本书咨询联系方式：(010) 88254568，qincong@phei.com.cn。

设计是什么呢？人们常常把"设计"一词挂在嘴边，如那套房子的设计不错、这个网站的设计很有趣、那把椅子的设计真好、那栋建筑设计得好另类……即使不懂设计，人们也喜欢说这个词。2017年，世界设计组织（World Design Organization，WDO）为设计赋予了新的定义：设计是驱动创新、成就商业成功的战略性解决问题的过程，通过创新性的产品、系统、服务和体验创造更美好的生活品质。

设计是一个跨学科的专业，它将创新、技术、商业、研究及消费者紧密联系在一起，共同进行创造性活动，并将需解决的问题、提出的解决方案进行可视化，重新解构问题，为研发更好的产品和提供更好的服务、体验或商业机会，创造新的价值和竞争优势。设计通过其输出物对社会、经济、环境及伦理问题的回应，帮助人类创造一个更好的世界。

由此可以理解，设计体现了人与物的关系。设计是人类本能的体现，由人类的审美意识驱动，是人类进步与科技发展的产物，是人类生活质量的保证，是人类文明进步的标志。

设计的本质在于创新，创新则不可缺少工匠精神。本丛书受到"供给侧结构性改革"与"工匠精神"这一对时代热搜词的启发，洞悉该背景下诸多设计领域新的价值主张，立足创新思维，紧扣当今各设计学科的热点、难点和重点，构思缜密、完整，精选了很多与设计理论紧密相关的案例，可读性强，具有较大的指导作用和参考价值。随着生产力的发展，人类的生活形态不断演进，我们迎来了体验经济时代。设计领域的体验渐趋多元化，然其最终的目标是相同的，那就是为人类提供舒适而有质量的生活。

现代产品设计是有计划、有步骤、有目标、有方向的创造活动。每个设计过程都是解决问题的过程。设计的起点是设计原始数据的搜集，其过程包括对各项参数的分析与处理，而归宿是科学地、综合地确定所有的参数，得出设计内容。产品设计是一种程序，包括信息搜集和理解的工作、创造性的工作、交流方面的工作、测试和评价方面的工作和说明的工作等。

在每个设计项目中，合理的产品设计流程和项目管理流程都是团队协作的基础。在大家把产品的功能和特性放在第一位时，开发和项目的管理至关重要，而产品的设计往往被忽视，开发团队有时会为了那些晦涩难懂、令人费解的功能而夸夸其谈，复杂的产品特性通常会迫使产品团队放弃优雅、简洁的设计。如果设计团队希望重视产品的设计，就应该坚持设计优先、用户至上，从团队架构和项目流程上进行改造，将设计和开发的流程无缝地整合起来。

本书紧扣当今设计学科的热点、难点与重点，分为设计流程概述、设计计划的制订、目标市场的选择及设计定位、设计调研、分析问题并厘清用户需求、创造性设计思维、设计的展开与深入、设计方案的完善与报告的撰写、设计的可用性测试及设计评价9个方面的内容，全面介绍了设计流程专业的相关知识和所需掌握的专业技能，精选了与理论紧密相关的案例，增强了内容的生动性、可读性和趣味性，方便读者理解和接受。

本书的内容涵盖了设计流程的多个重要环节，在许多方面提出了创新性的观点，可以帮助从业人员更深刻地了解设计流程的制定和执行技巧。另外，本书从实际出发，用众多案例对理论进行通俗且形象的解析，因此可作为高等院校学习设计执行、设计管理、设计营销与策划等方面知识的学生的教材和参考书。

由于编著者的水平及时间所限，书中难免有不足之处，敬请广大读者及专家批评、指正。

编著者

CONTENTS **目录**

第 6 章 创造性设计思维   133

第 1 章
设计流程概述

1.1 定义

工业产品的门类很多，产品的复杂程度也相差很大，每个设计过程都是一个创造过程，也可以说是一个解决问题的过程。由于产品设计与许多要素有关，因而设计并不只是单纯地解决技术上的问题，除满足产品本身的功能外，还应考虑如何解决与产品有关的各式各样的问题。以此观点来考虑，设计师必须明确设计的要素，并根据其设计技术把这些与设计问题相关的要素转换成最适当的、最协调的产品。所以设计师在进行产品设计的过程中应该遵守一定的程序、原理和原则，而这个程序、原理和原则就是产品设计的流程与方法，如图 1-1 所示。

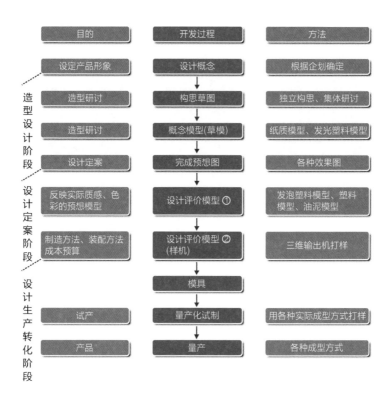

◎ 图 1-1　产品设计的流程与方法

1.2　设计流程的关键步骤

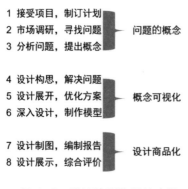

◎ 图 1-2　设计流程的关键步骤

　　无论何种产品，在设计过程中都表现出一定的规律性。因此，尽管不同的设计内容具有不同的解决方案，不同产品的设计过程却都具有时间顺序的一般模式，即相同的设计流程。设计流程的关键步骤如图 1-2 所示。

项目可行性报告应包括委托方的要求、产品设计的方向、潜在的市场因素、期望的设计目的、项目前景及可能达到的市场占有率、企业实施设计方案应当具有的心理准备及承受能力等。

产品设计活动内容涉及工业设计、结构设计、品牌推广、生产准备等方面,要由企业的多个部门的人员参与。设计流程按照时间顺序可分为企业分析、初步设计、深化设计、设计整合、模具跟踪、批量生产几个阶段。设计中的外观、结构及制造方面的内容并行展开,设计师在不同的设计阶段解决不同的重点问题,以市场营销会议、外观设计会议、结构设计会议、模具制造会议、生产会议等或其他形式总结各阶段的问题。本书只探讨产品设计流程中的关键步骤。

1.2.1　接受项目,制订计划

一般来说,设计师进行产品设计是从接受项目开始的,有时设计师自己规划设计项目,经可行性论证后进行立项。产品设计是根据项目任务书的要求进行的,设计任务有多种情况,或是全新的设计,或是改良设计,或仅仅是外观调整设计。在接受一项设计任务时,设计师除了必须了解所需设计的内容,还应非常透彻地领悟设计应实现的目标。对设计应实现的目标的理解程度,通常决定了一个设计师的水平。

1. 项目可行性报告的编制

每个设计都是一个解决问题的过程,几乎都是新的问题或是老的问题的新方案,因此在设计之前对项目做一个全面的分析是十分必要的。这一分析通常就是项目可行性报告的编制,它应包括委托方的要求、产品设计的方向、潜在的市场因素、期望的设计目的、项目前景及可能达到的市场占有率、企业实施设计方案应当具有的心理准备及承受能力等。编制项目可行性报告的目的是使设计方对业主有深入的了解，以便明确自己在设计过程中可能遇到的问题与状况。

2. 设计阶段及时间计划表

在编制完项目可行性报告之后，就要制订一个完善的设计计划。制订设计计划应该注意的 6 个要点如图 1-3 所示。

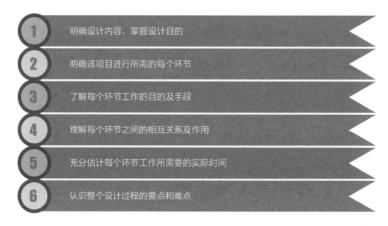

◎ 图 1-3　制订设计计划应该注意的 6 个要点

在制订设计计划后，应将设计全过程的内容、时间、操作程序绘制成一张设计阶段及时间计划表，如图 1-4 所示。

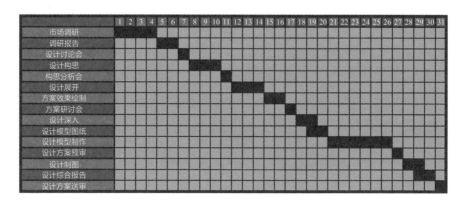

◎ 图 1-4　设计阶段及时间计划表

1.2.2 市场调研，寻找问题

任何一个好的工业产品的造型设计，都不是毫无根据地只是为了追求奇特的形状而苦思冥想出来的。同一产品的形状千变万化，但它们都是根据实际需要被决定的，也就是说，功能是第一位的。工业产品设计是指创造一个能艺术地反映功能特征的形象，任何一个产品都没有长期统治市场的标准式样。因此，这就要求我们不断地创新，寻找和功能密切结合的美的形式。我们必须明确，设计应该被包含在竞争中，我们尤其要清醒地知道，产品竞争能力的大小最终取决于人。要使自己的设计不落俗套，就必须站在为用户服务的角度上，从市场调研开始。

市场调研的目标可以概括为如图 1-5 所示的 7 个。

1 探索产品化的可能性

2 通过分析发现潜在需求

3 形成具体的产品面貌

4 发现设计中的实际问题

5 把握相关产品的市场倾向

6 寻找差别，树立特有形象

7 寻求产品化的方向和途径

◎ 图 1-5　市场调研的 7 个目标

具体到产品设计过程中，市场调研具有非常重要的意义，如图 1-6 所示。

> 设计师的首要任务：认清问题所在。

1. 通过市场调研，可以在设计初期就迅速了解用户的需求
2. 通过市场调研，可以对本企业的产品在市场和消费者群体中的真实位置有一个正确、理性的认识
3. 通过市场调研，可以在产品开发中吸收同类产品中的成功因素，从而做到扬长避短，提高本企业产品在未来市场中的竞争力
4. 通过市场调研，可以在既定的成本、技术等条件下为本企业选择最佳的技术实现方案和零部件供应商

◎ 图 1-6　市场调研的重要意义

1.2.3　分析问题，提出概念

在市场调研的基础上，设计师要开动脑筋，充分发挥其敏感性，去发现问题所在。

要能提出问题，就先要能发现问题，发现问题是设计过程的动机和起点，设计师的首要任务就是认清问题所在。一般来说，问题来自各式各样的因素，设计师要把握问题的构成。这一能力对设计师来说非常重要，它与设计师的设计观、信息量和经验有关。

在明确问题所在之后，设计师就应了解构成问题的要素。一般方法是先将问题进行分解，再按其范畴进行分类。认识问题的目的是寻求解决问题的方向。这里我们使用“提出设计概念”一词。设计师能否提出设计概念是非常重要的。发现了问题，明确了问题所在，就能找到解决问题的方法，但如何找到最佳点和最佳方法？这就要求设计师具有创造性的设计思维。

有了设计概念，设计的方向也明确了，便可进入下一设计阶段。这时，设计师应尽可能地收集有关资料而暂不筛选评论，因为任何资料都可能是未来解决方案的基础。解决问题的 10 类资料如图 1-7 所示。

1 关于使用环境的资料

2 关于用户的资料

3 关于人体工程学的资料

4 有关用户的动机、诉求、价值观的资料

5 有关设计功能的资料

6 有关设计物机械装置的资料

7 有关设计物材料的资料

8 相关的技术资料

9 市场竞争资料

10 其他有关资料

◎ 图 1-7　解决问题的 10 类资料

1.2.4　设计构思，解决问题

有了设计概念，收集了大量资料，设计工作将进入构思阶段。构思是对既有问题所做的许多可能的解决方案的思考。这时，设计师不要过分注意限制因素，因为它往往会影响构思的产生。构思的过程往往是把较为模糊的、尚不具体的形象进行明确和具体化的过程。这时，设计师要手、脑、心并用。

设计师思维的多样性、扩散性及对问题的把握程度是衡量设计师水准的重要依据。

在设计的一般程序被人们了解和掌握后，决定设计成败的关键就在于设计师的思考方式和思维习惯。设计师思维的多样性、扩散性及对问题的把握程度是衡量设计师水准的重要依据。当然，优异的设计思维是随着设计经验的增加而形成和发展的。创造性思维的程序如图1-8所示。

系统			思维程序	
措施	步骤	序号	创造过程	思维方式
反馈	输入	1 2 3	细微质疑，发现问题 详细调查，分析问题 求知于世界，更上一层楼	有意识
	处理	4 5 6 7	集中思维，掌握规律 强化想象，望尽天涯路 扩散思维，捕捉思想火花 逐步逼近，形成新的概念	潜意识
	输出	8 9	充分验证，反馈控制 新的突破，纳入常规	有意识

◎ 图1-8　创造性思维的程序

以"火"这个设计命题为例，它包括"亮""热"系统的设计范围。设计师在设计时可以对火进行研究，从而得到与火有关的设计答案（见图1-9）。

思考到这一步，设计师要重点考虑从哪个点往下发展，一个一个地思考，选择一个有新意的创意点。这时，火炕跃然纸上。火炕是中国传统的取暖设备，是既便宜效果又好的产品，这是一个可以发展的方向（见图1-10）。

设计思考进行到这一步，似乎看到了希望。中国传统的火炕是一种取暖设备与建筑紧密结合的典范，中国民间建筑的供暖文化所传达出来的设计概念，在21世纪的今天仍然有现实意义，过去的东西是旧的，但其设计思想并不一定是过时的。

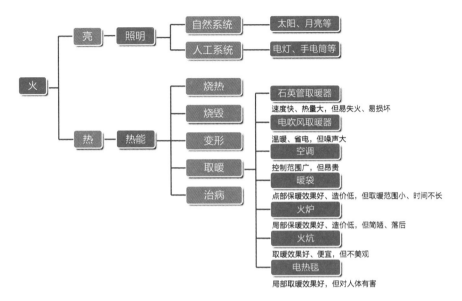

◎ 图 1-9 关于"火"的设计思考链

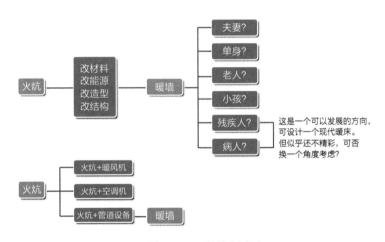

◎ 图 1-10 寻找创意点

　　设计就是这样，不断地将可能性进行综合，将看上去互不相关的信息逐步推进到一个组合体中。设计构思主要是为了解决设计的概念。有时候，设计的概念是十分简单的。

　　当一个新的形象出现时，设计师要迅速地用草图把它"捕捉"下来，这时的形象可能不太完整、不太具体，但这个形象可能使构思进一步深化。这样的反复会使较为模糊的、不太具体的形象的轮廓逐步清晰起来——这就是设计中的草图阶段。

草图是设计师分析研究设计的一种方法，是帮助设计师思考的一种技巧。草图主要是给设计师自己看的，因此不必过分讲究技法，或许只是几根简单的线条。当然，在有些情况下，草图要与业主共同讨论，这时的草图应该讲究一定的完整性。

完成草图就完成了具体设计的第一步，而这一步又是非常关键的一步，因为它是从造型角度入手，渗透了设计第一阶段各种因素的一种形象思维的具体化，使想象思维在纸上形成三维空间的形象。

图 1-11 和图 1-12 为阿尔法·罗密欧的 Nuvola（意大利文意为"云"）跑车的设计。设计团队想要设计一款浪漫的复古车，因此他们将设计思考点放在对感情的重视上。设计师表示："我们想传递情感。""专业的汽车设计表现出理性与创造性的融合及平衡，但在这个例子中，我们不像是在设计一款能批量生产的汽车，而像是决定将情绪及情感列入最优先的考虑之中。"

◎ 图 1-11　阿尔法·罗密欧的 Nuvola 跑车

◎ 图 1-12　阿尔法·罗密欧的 Nuvola 跑车的设计草图

这款车的设计是成功的，它较好地解决了情感问题，使汽车这种现代化工业形象得以人性化，这毫无疑问是一种未来的取向。

1.2.5　设计展开，优化方案

构思方案可能是一个，也可能是很多个，设计师要进行比较、分析、选优。设计师应从多个方面进行筛选、调整，从而得出一个比较满意的构思方案，进入具体的设计程序之中。

设计展开是指进入设计各个专业方面，将构思方案转换为具体的形象。它是以分析、综合后所得出的能解决设计问题的初步设计方案为基础的。这一工作主要包括基本功能设计、使用性设计、生产机能可行性设计，即功能、形态、色彩、质地、材料、加工、结构等方面的设计。这时的产品形态要以尺寸为依据，设计师对产品设计所要关注的方面都要给予关注。

在设计基本定型以后，设计师应用较为正式的设计效果图予以表达。设计效果图可以手绘，也可以用计算机绘制，主要用于直观地表现设计效果。例如，在房屋装修设计中，业主没有经过专门的训练，其空间想象力并不强，直观的设计效果图可以帮助业主了解把设计制作成成品以后的效果。

1.2.6　深入设计，制作模型

在这一阶段，产品的基本样式已经确定，设计师主要进行细节的调整，同时进行技术可行性设计研究。在方案通过初期审查后，确定方案的基本结构和主要技术参数，为以后进行的技术设计提供依据，这一工作是由设计师来进行的。为了检验设计成功与否，设计师还要制作一个仿真模型。一般情况下，只要做一个"固定模型"就可以了，但为了更好地推敲技术实施的可行性，最好做一个"演示模型"，即凡是能动或打开的部分都做出来。设计师在进行设计时，要充分考虑产品的立体效果。

效果图虽是画出来的立体透视图，但毕竟是在平面上的推敲结果，模型则将产品真实地呈现出来，任何细节都含糊不得，所有在平面上发现不了的问题，都能在模型中表现出来。因此，模型本身就是设计的一个环节，是推敲设计的一种方法。模型制作是对先前的设计图纸的检验。在模型制作完成以后，设计师需要对设计图纸进行调整，模型为最后的设计定型图纸提供了依据。模型既可为以后的模具设计提供参考，又可为先期市场宣传提供实物形象。因为模型可以为探求市场情况提供可视研究物，为下一步设计的深入和经费的投入提供检验物。

1.2.7 设计制图，编制报告

设计制图包括外形尺寸图、零件详图及组合图等。这些图的制作必须严格遵照国家标准的制图规范进行。一般对于较为简单的设计制图，只需按正投影法绘制出产品的主视图、俯视图和左视图（或右视图）三视图即可。设计制图为后续的工程结构设计提供了依据，也是对外观造型的控制，所有进一步的设计都必须以此为"法律文件"，不得随意更改。

设计报告是由文字、图表等构成的设计过程的综合性报告，是交由决策者做决策的重要文件。

设计报告的制作既要全面，又要精练，不可拖泥带水。为了给决策者一目了然和良好的感觉，设计报告的排版也要进行专门设计。

设计报告的形式可视具体情况而定。一般来讲，设计报告的内容如图 1-13 所示。

1. **封面**
封面要标明设计标题、设计委托方的全名、设计单位的全名、时间、地点。如果产品已有标志，那么封面还可以做一些专门的装潢设计

2. **目录**
目录要一目了然，并标明页码

3. **设计计划进度表**
表格要易读，可以用色彩来标明不同时间段

4. **设计调查**
主要包括对市场现有产品、国内外同类产品及销售与需求的调查，常采用文字和图表相结合的形式来表现

5. **分析研究**
对以上设计调查进行市场分析、材料分析、使用功能分析、结构分析、操作分析等，从而提出设计概念，确定产品的市场定位

6. **设计构思**
以文字、草图的形式来进行，并能反映出设计深层次的内涵

7. **设计展开**
主要以图示与文字说明的形式来表现，包括分析与决定设计条件、展开设计构思、设计效果图、人体工程学研究、色彩计划、模型制作等

8. **方案确定**
主要包括按制图规范绘制的详细结构图、外形图、部件图、精致模型及使用说明等内容

9. **综合评价**
放置一幅精致模型（样机）的照片，并以简洁、明了、打动人心的词语表明设计方案的全部优点及突出的特点

◎ 图 1-13 设计报告的内容

1.2.8　设计展示，综合评价

对设计的综合评价要遵循两大原则：一是该设计对用户及社会有何意义；二是该设计对企业的产品在市场上的销售有何意义？产品造型设计的评价体系和设计评估图示例如图 1-14 和图 1-15 所示。

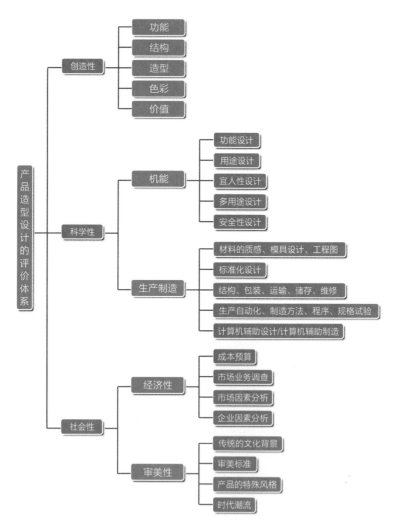

◎ 图 1-14　产品造型设计的评价体系

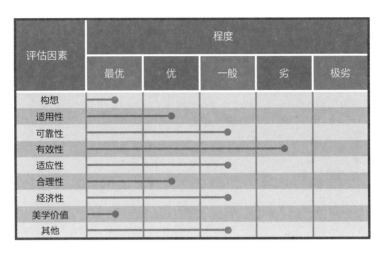

评估因素	程度				
	最优	优	一般	劣	极劣
构想	●				
适用性		●			
可靠性			●		
有效性				●	
适应性			●		
合理性		●			
经济性			●		
美学价值	●				
其他			●		

◎ 图 1-15　设计评估图示例

1.3　设计流程的模式

设计程序的实施是在严密的次序下渐进的。这个渐进的过程有时相互交错，出现回溯现象，称为设计循环系统。专家通过对过去的设计实践经验进行总结，归纳出几种比较典型的设计流程的模式，即线形模式、循环模式、螺旋形模式和逆向再设计模式。其中，线形模式、循环模式和逆向再设计模式又称阶段-环节模式。

1.3.1　线形模式

线形模式适用于产品的改良设计，包括以下 4 个阶段（见图 1-16 ）。

（1）准备阶段：筹集资金、能源、技术、材料、设备等企业资源，计划产品开发的时间，选择合适的设计人才等。

（2）开发阶段：包括最初设计概念的产生（如设计定位、分析、设计构思），以及在设计构思中对相关因素的考虑（如技术条件、人机工程学、技术条件、经济价值、美学因素等）。

（3）评价和实施阶段：先对最初的设计概念以模型测试等手段进行检验和评估，然后对评估后的设计概念做生产的准备和生产的实施。

（4）市场销售阶段：当产品进入市场后，对企业的一系列售后服务信息及消费者的反馈意见进行收集和整理。

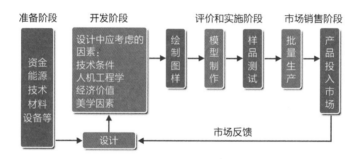

◎ 图 1-16　线形模式

1.3.2　循环模式

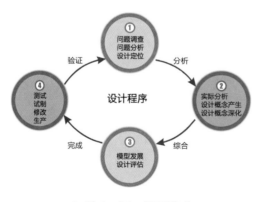

◎ 图 1-17　循环模式

循环模式适用于新产品的设计或存在不确定因素的改良设计，包括以下 4 个阶段（见图 1-17）。

（1）从问题的发现到分析阶段，包括问题调查、问题分析、设计定位。

（2）从问题的分析到问题的综合阶段，包括实际分析、设计概念产生、设计概念深化。

（3）从问题的综合阶段到问题的完成阶段，包括模型发展、设计评估。

（4）从问题的完成阶段到验证阶段，包括测试、试制、修改及生产。

1.3.3 螺旋形模式

螺旋形模式对设计时间紧迫、不确定因素多的企业进行设计工作来说，是最为有效的一种模式，包括以下 4 个阶段（见图 1-18）。

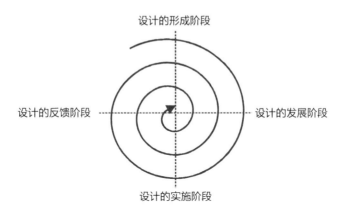

◎ 图 1-18　螺旋形模式

（1）设计的形成阶段：包括调查问题、分析问题、制定设计目标、制订设计计划。

（2）设计的发展阶段：包括产生新的设计概念、评估概念与深化设计、设计模型、完善设计。

（3）设计的实施阶段：包括绘制生产样图、汇总信息、修改生产系统、试制、批量生产、投放市场。

（4）设计的反馈阶段：包括用户反馈、售后服务、问题的追踪。

1.3.4 逆向再设计模式

逆向再设计模式是一种针对现有产品的设计模式，包括以下 3 个阶段（见图 1-19）。

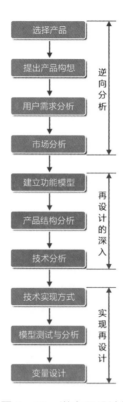

◎ 图 1-19 逆向再设计模式

（1）逆向分析：了解现有产品的市场情况，分析用户的需求，分析用户对产品的满意程度，了解用户满意或不满意的各个方面及其原因，在此基础上，再设计的轮廓就可以大致显现出来了。

（2）再设计的深入：在逆向分析工作完成以后，就可以选择设计基本策略中的一种进行新产品概念的发展研究。

（3）实现再设计：使设计概念具体化。

1.4　产品设计的基本流程

产品设计流程是企业构想、设计产品，并使其商业化的一系列步骤或活动，它们大都是脑力的、有组织的活动，而非自然的活动。有些组织可以清晰地界定并遵循一个详细的设计流程，而有些组织甚至不能准确地描述其流程。此外，每个组织采用的流程与其他组织都会略有不同。实际上，同一企业对不同类型的项目也可能采用不同的流程。

尽管如此，对设计流程进行准确的界定仍是非常有用的，原因如图 1-20 所示。

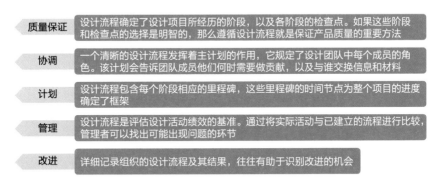

质量保证　设计流程确定了设计项目所经历的阶段，以及各阶段的检查点。如果这些阶段和检查点的选择是明智的，那么遵循设计流程就是保证产品质量的重要方法

协调　一个清晰的设计流程发挥着主计划的作用，它规定了设计团队中每个成员的角色。该计划会告诉团队成员他们何时需要做贡献，以及与谁交换信息和材料

计划　设计流程包含每个阶段相应的里程碑，这些里程碑的时间节点为整个项目的进度确定了框架

管理　设计流程是评估设计活动绩效的基准。通过将实际活动与已建立的流程进行比较，管理者可以找出可能出现问题的环节

改进　详细记录组织的设计流程及其结果，往往有助于识别改进的机会

◎ 图 1-20　对设计流程进行准确界定的 5 个原因

基本的产品设计流程包括 6 个阶段，如图 1-21 所示。该流程开始于规划阶段，规划阶段将研究与技术开发活动联系起来。规划阶段的输出是项目的使命陈述，它是概念开发阶段的输入，也是设计团队

的行动指南。产品设计流程的结果是产品发布，这时产品可在市场上购买。

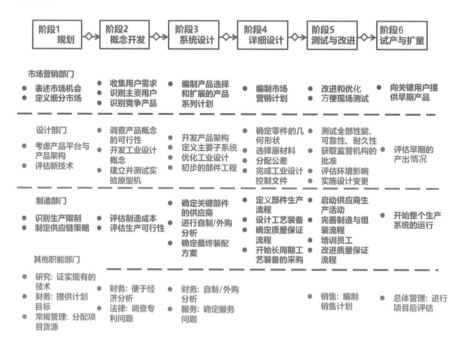

◎ 图 1-21 基本的产品设计流程

笔者认为苹果公司的产品设计流程或许是迄今为止最成功的设计流程。众所周知，苹果公司的保密工作做得很好。在乔布斯（Jobs）管理期间，外人想了解苹果公司内部的工作流程几乎是不可能的。其实这也可以理解：毕竟苹果公司能在这个商业市场中取胜，依靠的就是它独到的设计方法（流程）。

亚当·拉辛斯基通过《苹果内幕》一书向我们揭秘了苹果公司是如何运作的。

1. 以设计为中心

如何给设计师自由发挥的空间，并确保生产出的产品能够符合设计师的想法？答案是苹果公司以设计为中心。

乔纳森·伊夫是一位来自英国的设计师，也是苹果公司的首席设计官。他的设计团队引领着苹果公司，并且他们不需要向财务、产品制造等部门汇报。他们被给予充分的自由来设定自己的预算，也被允许不考虑产品制造的限制。

设计部门的核心是工业设计工作室，只有少部分精挑细选的员工才能进入。正是这样简单的设置，才有苹果公司创造出的不可思议的作品。

2. 设计团队与公司隔离

当一个设计团队在设计一个全新的产品时，他们会从苹果公司的其他部分分离出来。苹果公司甚至会设置物理上的隔离，让设计团队在白天不要与其他员工接触。

设计团队也会被从苹果公司的传统架构中移除。他们有自己独特的汇报体系，并且直接汇报给项目管理团队。这些做法可以给他们足够的自由来关注设计本身，而不用在乎其他细节。

3. 文档记录的开发流程

当产品设计团队开始接手工作时，就会接到"苹果新产品流程"（ANPP）的介绍信息。介绍信息包括设计流程中的每个步骤，并且十分详细。这样做的目的是规定产品设计团队将要经历的所有步骤，规定谁将负责交付最终产品、谁负责哪个步骤、他们将在哪里工作，以及产品预计应该在何时完成。

4. 周一是复审日

苹果公司的项目管理团队会主持每周一的会议，以便及时检查公司中正处于设计阶段的每个产品。苹果公司成功的秘诀之一就是他们不会一次设计上百个产品。相反，资源被集中在几个被预期能结出果实的项目上，而不是被分散到许多小型项目上。

如果一个产品不能在一次会议上就复审完毕，那么它会自动成为下一次会议的首个会议议程。在实践中，这种做法意味着每个设计中的产品都将被项目管理团队至少两周审查一次。这保证了最小的决策拖延，并且这种方法可以使公司的决策变得轻松。

5. 工程项目管理者和全球供应管理者

苹果公司自己几乎不参与制造，而是依赖外包公司，如富士康。这避免了苹果公司关于制造环节的问题，并保证了生产花费最少。这种模式有着巨大的好处，其他电子产品公司也纷纷效仿。

工程项目管理者的工作很简单：保证以合适的方式、在合适的时间、以合适的价格将产品投向市场。他们或许会（对供应商）有很多要求，但他们的原则是一切以产品为考量。

6. 不断迭代是关键

就像在任何优秀的设计公司一样，在苹果公司，即使产品已经开始制造，设计流程也没有结束。实际上，当进入制造环节时，苹果公司仍然在迭代设计。产品一边被制造，一边被测试和审核，设计团队会优化它，之后产品再被制造。这个循环一般需要花费 4～6 周的时间，并且在产品开发的生命周期中可能会重复很多次。

这是一个花费很多的模式，但也是让苹果公司的产品享有盛誉的一个原因。项目团队投入到设计方面的资源越多，就越有可能制造出在变化的市场上令人惊艳的产品。iPod、iPhone 和 iPad 都经过了这样的设计流程。

7. 发行方案

最后一步是产品的发行。当产品被认为足够好时，它就会进入"苹果章程"阶段。"苹果章程"解释了在进行产品的商业发行之前，项目团队必须担负的责任和执行的行动。

进入"苹果章程"阶段是一种令人高度紧张的体验，因为如果项目团队泄露了任何信息，就会被立马解雇。关于这一点，"苹果章程"解释得很清楚。

第 2 章

设计计划的制订

2.1　商业计划书

在做任何产品设计前，我们都需要考虑我们需要提供什么样的产品才可以解决用户的"痛点"？产品的定位是什么样的？能否用一句话表达产品的定位？产品的商业模式大致是什么样的？是否有好的运营、营销推广手段可以在产品设计之初就融入进来，让产品自发地获得快速增长？之后，我们需要出具一份合格的商业计划书，如图 2-1 所示。

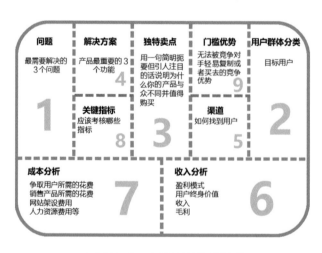

◎ 图 2-1　合格的商业计划书

2.2　具体的需求分析

在完成商业计划书后，接下来需要做的是进行具体的需求分析。具体的需求分析要做的基本工作如图 2-2 所示。

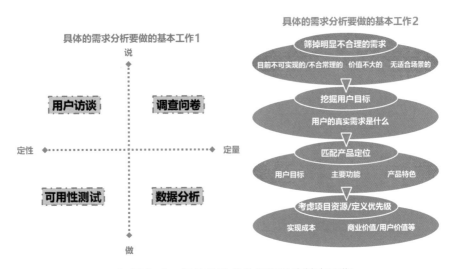

◎ 图 2-2　具体的需求分析要做的基本工作

2.3　产品架构图

在完成具体的需求分析工作后，接下来需要做的是出具一份功能需求列表并梳理出一个适合产品定位的产品架构图。产品架构图是产品经理用来抽象表达产品的服务和商业模式的可视化工具。我们可以用一栋房子的例子来描述产品架构的概念。架构决定整栋房子的位置、朝向、楼层，决定了地下有几层、地上有几层、有多少间房、层高多少米，这些东西是不管怎么装修都改变不了的事实。对这栋房子而言，支柱、承重墙是再次装修时不能动的，要动就得大动"手术"，

在搭建好产品架构
后，设计师就要开始设计
产品的功能流程图并进入
原型设计阶段。

甚至干脆推倒重来。客厅、餐厅、主卧这些功能区域对应的则是产品
的功能模块。这时我们就发现，如果等房子建好了，再想把原来的一
室一厅改成两室一厅，就只能做隔断，这就会导致每个房间的面积变
小，或者没有窗户，或者采光不足等。

在正式进行产品开发以前，绘制一个完整的产品架构图是必然要
做的，好的产品架构可以支撑产品走得更远。架构解决的是用户触达
的问题，考虑的是在何种场景下通过何种方式触达用户，即最表层的
业务体验，也就是我们常说的用户体验，包括界面、布局、配色、结
构、造型等直观可见的每一个产品层面。好的产品架构要具备 3 个特
征：易用性、稳定性、可扩展性。

绘制产品架构图的根本目的是梳理产品思路，从整体上把握产品
的发展方向，把控产品的功能重点（卖点）。产品架构图决定了产品
必须实现的功能，以及什么时候必须完成的功能，也就是说，产品架
构决定了产品的发展路径。

2.4　功能流程图

在搭建好产品架构后，设计师就要开始设计产品的功能流程图
并进入原型设计阶段。梳理产品的功能流程，就是对产品的目标用
户、使用场景等进行更深层次的理解。举个简单的例子：移动支付
已经有其非常成熟的业务流程了，可是微信团队在设计微信支付时
并没有严格采用支付宝的产品设计流程，而是简化了很多内容，如

早期支付宝的手机支付需要用户输入很复杂的密码，而微信团队认为密码就应该像银行卡密码那样只需要 6 位，不需要那么复杂。另外，用户在使用微信支付时，在输入密码后，不需要点击"确认"按钮，微信支付流程大大简化了。事实证明，微信支付的流程更加符合优秀设计的定义。

2.5 新产品的开发

2.5.1 新产品的特点

开发、设计、研究新产品的目的和本质都是为人类服务，提高人们的生活质量。对企业来说，开发新产品主要在于销售，而销售的目标对象是消费者，最终决定新产品命运的也是消费者。因此，不能满足消费者的需求和利益的新产品，就不是优秀的新产品。新产品的特点如图 2-3 所示。

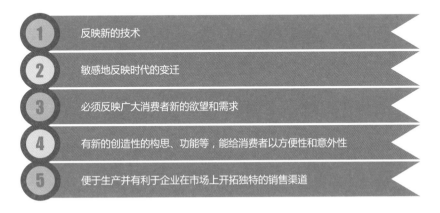

1 反映新的技术

2 敏感地反映时代的变迁

3 必须反映广大消费者新的欲望和需求

4 有新的创造性的构思、功能等，能给消费者以方便性和意外性

5 便于生产并有利于企业在市场上开拓独特的销售渠道

◎ 图 2-3 新产品的特点

现代意义上的新产品的开发是指产品的创新和将产品的要素进行
合理的组合，以便获得更大效益的全过程的活动。新产品的开发包括
产品的规划、试制、生产和销售，以及产品的品牌策划等方面的
活动。

2.5.2　新产品的分类

为了使各部门能有计划、有组织地进行新产品的开发，有必要将
新产品进行分类，以便明确设计的职责和权限，使工作可以更加有效
地开展。

1．根据产品目标进行分类

根据产品目标进行分类的新产品如图 2-4 所示。

2．根据开发方法分类

根据开发方法分类的新产品如图 2-5 所示。

3．根据开发过程分类

根据开发过程分类的新产品如图 2-6 所示。

技术尺度	现行技术(水准)	改良技术	新技术
市场尺度的内容	靠企业现有的技术水平来吸收	充分利用企业现有的研究、生产技术	对企业新知识、新技术的导入、开发及应用
现行市场 — 靠现有市场水平来销售	现行产品	再规格化产品	代替产品
		就现行的企业产品，确保原价、品质和利用度达到最佳平衡的产品	靠现在未采用的技术比现行制品更新而且更好、规模化了的产品
强化市场 — 充分开拓现行产品的既存市场	再商品化产品	改良产品	扩大系列产品
	对现在的消费者群体增加销售额的产品	就现行的企业产品，确保原价、品质和利用度达到最佳平衡的产品	靠现在未采用的技术比现行制品更新而且更好、规模化了的产品
新市场 — 获得新市场、新需求	新用途产品	扩大市场产品	新产品
	要开发利用企业现有产品的新消费者群	局部改变现有产品来开拓市场	在新市场销售，由新技术开发的产品

◎ 图 2-4　根据产品目标进行分类的新产品

1　追求目的型新产品
根据问题或开发目的，明确应该做什么、能做什么，并以此探究解决的方法和技术，用这种方法来开发的新产品

2　应用原理型新产品
从成为问题的地方入手，从根本上探究其机构和原理，利用研究的结果和知识开发的新产品

3　类推置换型新产品
将其他新产品中应用的知识、法则、材料及其智慧经验等成功的因素应用于自己所考虑的产品中，用这种方法开发的新产品

4　分析统计型新产品
不是来自计划性的研究成果，而是综合汇集由经验和自古以来的知识等统一性事实，应用其结果开发的新产品（不是实验计划的数据，而是凭借现有数据解析的方法）

◎ 图 2-5　根据开发方法分类的新产品

创新型新产品	指采用了新技术原理、新技术、新材料、新制造工艺、新设计构思而研制生产的，具有新结构、新功能的全新型产品。这种类型的新产品往往与发明创造、专利等联系在一起	具有明显的技术优势和经济优势，在市场上的生命力较强。但开发中需要大量的资金和时间，而且市场风险较高，需要建立全新的市场销售渠道。根据调查，创新型新产品只占市场新产品的10%左右
更新换代型新产品	指应用新技术原理、新材料、新元件、新设计构思，在结构、材质、工艺等某一方面有所突破，或较老产品有明显改进，从而显著提高了产品性能或增加了使用功能，并对提高经济效益具有一定作用的产品	具有一定程度的本质变化和一定的技术经济优势，产品的性能有重大改变；产品的外部造型有比较大的改变；产品的功能及使用方便性有比较大的改进。与创新型新产品相比，更新换代型新产品所需的开发资金少、开发时间短且开发难度小，在市场销售上往往不需要建立全新的市场销售渠道。根据调查，更新换代型新产品占市场新产品的10%左右
改良型新产品	指对原来的产品在性能、结构、外部造型或者包装等方面做出改变的新产品	在功能、结构、造型形态上相对老产品都呈现新的特点。开发的难度相对较小，在销售上往往不需要建立新的市场销售渠道。根据调查，改良型新产品占市场新产品的26%左右
系列型新产品	指在原来的产品大类中开发出的拥有新花色、新规格等的新产品，是对老产品进行的系统延伸和开拓	此类别的新产品与原来的大类别产品相比，差异不大，需要的开发资金少、开发时间短且开发难度小，不需要建立全新的市场销售渠道。根据调查，系列型新产品占市场新产品的26%左右
降低成本型新产品	指对原来的产品利用新科技，改进生产工艺或者提高生产效率，得到的生产成本降低但是保持原来功能的新产品	与创新型新产品相比，降低成本型新产品所需的开发资金少、开发时间短且开发难度小，不需要建立全新的市场销售渠道。根据调查，降低成本型新产品占市场新产品的11%左右

◎ 图 2-6　根据开发过程分类的新产品

2.5.3　新产品开发成功与失败的标准

以一般化的技术为前提开发新产品，所需时间为半年至一年。企业依照市场环境、消费倾向，预测产品生命周期并策划产品。而在点子产品化之前所进行的"创新 + 商品化"会随着企业内外部环境与状况的变化，受制于许多阶段性因素。内部有营销、设计、技术、生产等各个部门相互合作，外部则需考虑消费者的市场需求及变化、经济情况等，有时无法预测的变量也会影响新产品的开发。

有很多方法可以衡量上市的产品成功与否，但几乎所有人都认同的是 ROI（Return on Investment，投资收益率）。这与无法以数字量化的品牌无异，品牌的无形价值提升了企业的利益，而在标准化作为评量企业基准的时代，虽然大家都认同设计是提高品牌竞争力的核心力量，但就策划层面而言，人们仍偏向于用 ROI 来衡量产品成功与否。

决定新产品成功与失败的因素如表 2-1 所示。

表 2-1 决定新产品成功与失败的因素

成功因素	项目	失败因素
符合消费者的要求与需求 考虑消费倾向的变化 有效运用消费者不满意的项目	消费者	不符合消费者的要求与需求 消费倾向发生变化 不关注消费者不满意的项目
有市场竞争力的产品 预测趋势并做准备 上市 应付新环境	营销	市场竞争白热化 过时的产品 推出不合时宜的产品 环境发生变化（经济情况、原料费用等）
优越的技术 管理指挥财产权 弹性应用新技术 研发顺利进行 排除不必要的危险因素	技术	一般的技术能力 不重视智慧财产权 没考虑到新技术的冲击 研发部门对项目的要求不明确 分散不必要的危险因素
可接纳的决策 流程缩减 品质管理及提升 成本降低、价格竞争力提升 产品设计内容延续 创新	流程	决策困难 流程延迟 品质管理不佳 成本上升、价格竞争力下降 产品设计内容变质 妨碍创新的条件
正面的内部竞争环境 发掘并活用合适的企业优点 挖掘潜力 合理规划财政、预算 与其他部门顺利沟通的文化	组织	负面的内部竞争环境 企业的优缺点分析不完全 无心思挖掘潜力 财政、预算无规划 与其他部门的意见沟通不顺利

考虑到企业长期的发展及短期的收益，我们必须考虑无形层面
（如品牌形象）和有形层面（创造实质的销售收益）的提升。

2.5.4 设计是新产品成功与失败的关键

新产品的成功与否很难单纯地用几个因素来断定，因为新产品的
开发是经过数个阶段及多个部门的合作得到的综合性结果。表 2-1 中
的各项因素不仅能够用于衡量新产品的成败，也能作为准备成功产品
的确认清单。

在开发新产品时，不能只有在某一领域独步的领导参与，在各种
条件、状况与领域之间的合作创新才是关键。而设计在引导成功地合
作方面扮演了相当重要的角色。这是因为从产品策划阶段开始，到技
术开发、量产，再到宣传，设计始终是唯一的存在，与所有产品诞生
的过程都紧密相关。

作为产品开发的代表性流程，库珀博士的阶段-关卡流程被广泛
运用，如图 2-7 所示。

◎ 图 2-7 阶段-关卡流程

第3章

目标市场的选择及设计定位

3.1 用户需求是驱动设计的核心

任何产品最终都为用户所用，基于用户需求进行设计是适应当代经济发展和社会进步的一种人性化的设计方法。

产品设计的出发点是满足人的需求，即问题在先，解决问题在后。人们在生活和工作中会遇到各种各样的问题，就会产生许多需求，产品就是为满足某种需求而产生的。图3-1展示了产品与人的需求之间的关系，由此可明确设计所要探讨的范围及需创造的价值类型。因此，人的需求是设计的主要动机。

我们仅从每年举行的大大小小的设计竞赛的宗旨、目的、评判标准等就可以看出以人为本的重要性及认可度。以下是一些大型设计竞赛的获奖作品，可以使我们更加深刻和直观地认识以人为本的设计原则。

1. 明基投影机纸浆模塑包装

各大电商平台的销量屡创新高，但也留下堆积如山的包装废品。明基为其电子产品推出的全新包装——明基投影机纸浆模塑包装（见

图3-2），采用非复合型纸浆模塑材料制成，易于回收再利用，十分环保。它的外盒可有效起到缓冲作用，防止里面的产品跌落和碰撞，无须额外的填充。其隐藏式包装手柄具有平坦的表面，大大节省了存储和运输空间。

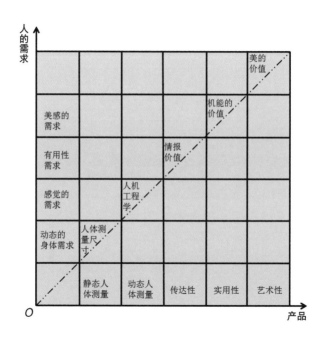

◎ 图3-1　产品与人的需求之间的关系

◎ 图3-2　明基投影机纸浆模塑包装

2. USEE 视力诊断装置

在全球很多贫困地区，每 100 万人中才有一名验光师。对这些贫困地区的人来说，检查视力并正确佩戴眼镜的机会微乎其微。USEE Vision Kit 系统通过现有的一个设备，即可快速检查出佩戴眼镜的度数。

USEE 是一种便携式视力诊断装置，具有可变曲率透镜，人们转动 USEE 上的刻度盘即可确定自己的度数。根据这个数据现场制作一副尺寸合适、度数正确的眼镜，整个过程大约只需花费 15 分钟。USEE 视力诊断装置如图 3-3 所示。

3. 斯德哥尔摩电动工具

斯德哥尔摩电动工具（见图 3-4）的设计旨在预测电动工具技术和用户需求的潜在变化。在无线电动工具中，我们最熟悉的形式是类似枪的形式，它在底部使用电池组来进行平衡，为用户提供符合人体工程学的体验。

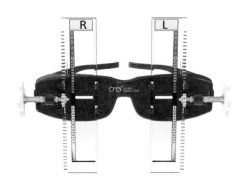

◎ 图 3-3　USEE 视力诊断装置　　◎ 图 3-4　斯德哥尔摩电动工具

用户体验设计的核心思想是基于用户视角，以用户为中心，考虑用户使用产品的体验。

3.2 用户体验

人性化的产品设计的实质是根据情境在感性和抽象中寻找平衡，这需要设计师深入洞悉每一种全新设计所面临的风险，必须潜心解构其中的普适性和新奇性，精密权衡新技术的所失与所得。总而言之，找到完美的设计平衡，才是对人性化关注的终点。

用户体验设计包括的内容较多，在产品设计中，结构设计、交互设计、视觉设计都包括在用户体验设计中。用户体验设计的核心思想是基于用户视角，以用户为中心，考虑用户使用产品的体验。

著名德国工业设计师迪特・拉姆斯有 10 条关于优秀用户体验设计的准则，被称为“设计十诫”，如图 3-5 所示。

1. 好的设计是创新的（Good design is innovative）
2. 好的设计让产品好用（Good design makes a product useful）
3. 好的设计是符合美学的设计（Good design is aesthetic）
4. 好的设计使产品易懂（Good design makes a product understandable）
5. 好的设计是低调的（Good design is unobtrusive）
6. 好的设计是诚实的（Good design is honest）
7. 好的设计是持久的（Good design is long-lasting）
8. 好的设计对每个细节都追求尽善尽美（Good design is thorough, down to the last detail）
9. 好的设计是环境友好型的（Good design is environmentally-friendly）
10. 好的设计应尽可能地少设计（Good design is as little design as possible）

◎ 图 3-5　设计十诫

3.2.1　让用户感受到创新

好的设计是创新的。创新的可能性无论如何都是不会枯竭的，技术的发展总是会给予创新设计新的机会。但创新设计总是伴随技术创新而发展的，而且永无止境。

图3-6为KT雨伞，设计师只是给雨伞加了一个简单的小设计，就实现了撑伞时的双手自由。

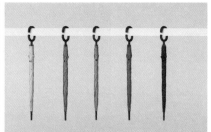

◎ 图3-6　KT雨伞

3.2.2　让用户感觉有用、实用

好的设计让产品好用。人们购买产品是为了使用，因此产品必须满足特定的标准。这些标准不仅有功能上的，还有心理和美学上的。好的设计强调产品的有用性，并略去可能削弱这一点的一切因素。

图3-7为FUJIFILM投影机Z5000，它采用双轴可旋转镜头设计，镜头不是固定的，而是可以向上、向下、向前、向后、向左、向右指向任何方向进行投影。

◎ 图3-7　FUJIFILM投影机Z5000

3.2.3　让用户感受到美

好的设计是符合美学的设计。审美品质包含在产品的有用性之中，因为我们日常使用的产品影响着我们的身体和心理的健康和安宁，而只有设计完善的物品才是美的。

图3-8为Dawn to Dusk灯，其设计灵感来自冉冉升起的太阳，灯头可以360°旋转，光线可以从白色渐变到红色。

◎ 图3-8　Dawn to Dusk 灯

3.2.4　让用户容易理解

好的设计使产品易懂。好的设计使产品结构清晰、变得更好。好的设计能让产品说话。

图3-9为LARQ水壶，这是世界上首款不用洗的水壶，因为它集充电、隔热、自净、消毒等功能于一身。用户只需按下壶盖上的按钮，便可启动紫外线净化装置。

◎ 图 3-9　LARQ 水壶

3.2.5　让用户感觉亲切和能表现自我

好的设计是低调的。能满足用户需求的产品就像工具一样，它们既不是装饰品，又不是艺术品。好的设计应该能留下空间让用户去表现自我。

图 3-10 为防昆虫和防晒系统 Centor S4，它可以有效地屏蔽烦人的昆虫和多余的阳光，同时起到保护隐私的作用。

◎ 图 3-10　防昆虫和防晒系统 Centor S4

3.2.6　让用户感受到真诚

好的设计是诚实的。好的设计不会让产品看起来比实际情况更加创新、强大或贵重。好的设计不会尝试用无法兑现的承诺来应付用户。

图 3-11 为 Airbottle 净化器，这是一款适合所有年龄段的便携式空气净化器，用户可以通过彩色 LED 灯直观地查看空气质量和污染程度。对于婴儿，该产品还提供了一个特别设计的多层保护面罩。

◎ 图 3-11　Airbottle 净化器

3.2.7　让用户感觉历久弥新、值得珍惜

好的设计是持久的。好的设计应避免时髦，以免过时。好的设计历久弥新而令人珍惜，甚至在今天这个"用毕即弃"的社会中也是这样。

图 3-12 为高碳钢鲸鱼刀，这一系列高碳钢鲸鱼刀由 5 种不同的鲸鱼刀构成，每个鲸鱼的嘴巴都是锐利的刀片，尾巴则是手柄。在正确的护理和保养下，它的使用寿命非常长。

◎ 图 3-12 高碳钢鲸鱼刀

3.2.8 让用户感到精益求精的细节关怀

好的设计对每个细节都追求尽善尽美。任何方面都不可以武断或是碰运气。设计过程中的关怀和精益求精表达了对用户的尊重。

图 3-13 为雅马哈 NIKEN 倾斜式多轮（LMW）摩托车，它采用了两个前轮的设计 [15 英寸（1 英寸 =2.54 厘米）轻质合金车轮与 LMW 特定的 120/70 R15 轮胎]，可使抓地力增加一倍，能更好地适应恶劣的道路条件。

◎ 图 3-13 雅马哈 NIKEN 倾斜式多轮（LMW）摩托车

3.2.9 让用户感受到对环境的友好

好的设计是环境友好型的。好的设计能对环境的保护做出重要贡献，它可以使产品在生命周期中节约资源，并最大限度地减少物理的和视觉的污染。

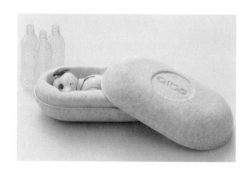

◎ 图 3-14　AIBO 包装

图 3-14 为索尼公司推出的 AIBO 包装，它获得了 2019 年的 JPDA 金奖。其外包装采用可持续环保材料，使用 50% 的塑料瓶进行解压黏合制成，非常环保；由于采用了中空的设计，包装还能对 AIBO 起到减震保护的作用。

3.2.10 让用户感受到至简带来的纯朴

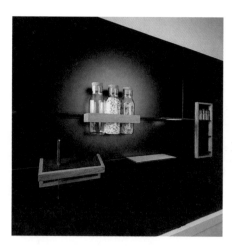

◎ 图 3-15　多功能墙 THE WALL

好的设计应尽可能地少设计。更少，但更好，因为它会集中在最关键的方面。产品不会有很多不必要的负担，回归单纯、回归朴素。

图 3-15 为多功能墙 THE WALL，这是一种新颖的极简模块化后墙系统，提供了多种不同的材质，用户可根据不同的功能进行组合搭配。

3.3 产品定位的 5W1H 法

产品定位是指确定产品在用户心中的位置和形象，即产品为什么用户服务、有什么特色、能满足用户的什么需求。所以，产品定位是产品设计的第一步，即确定要做的产品的核心功能和特色。

产品定位要考虑 5W1H 共 6 个方面，即 Who（谁）、What（什么）、Where（何地）、When（何时）、Why（为何）、How（如何），这是在分析设计问题时需要被提及的最重要的几个问题（见图 3-16）。通过回答这些问题，设计师可以清晰地了解问题、利益相关者及其他相关因素和价值。

1	Who	谁提出的问题？ 谁有兴趣为该问题提出解决方案？ 谁是该问题的利益相关者？
2	What	主要问题是什么？ 为解决该问题，已经完成了哪些事项？
3	Where	问题发生在什么地方？ 解决方案可能会被应用于什么场合？
4	When	问题是什么时候发生的？ 何时需要解决该问题？
5	Why	为什么会出现这样的问题？ 为什么该问题目前得不到解决？
6	How	问题是如何产生的？ 利益相关者是怎样尝试解决该问题的？

◎ 图 3-16　5W1H 法

1．何时使用此方法

设计师在设计项目的早期往往会拿到一份设计大纲，需要先对设计问题进行分析。5W1H 法可以帮助设计师对设计问题进行定义，并做出充分且有条理的阐述。5W1H 法也适用于设计流程中的其他阶段，如用户调研、方案展示、书面报告的准备阶段等。

2．如何使用此方法

问题分析有一个非常重要的环节：拆解问题。首先，定义初始的设计问题并拟定设计大纲。通过回答大量有关利益相关者和现实因素等的问题，将主要设计问题进行拆解。然后，重新审视设计问题，并将拆解后的问题按重要性进行排序。通过这种方法，设计师将对设计问题及其产生的情境有更清晰的认识，且对利益相关者、现实因素和问题的价值有更深入的了解；同时，对隐藏在初始问题之后的其他相关问题也有更深刻的洞察。

3．主要流程

（1）定义初始的设计问题并拟定设计大纲。

（2）进一步分析初始的设计问题。也可自由地增加更多问题。

（3）回顾所有问题的答案，看看是否还有不详尽的地方。

（4）按照优先顺序排列所有信息：哪些是最重要的？哪些不怎么重要？为什么？

（5）重新定义初始的设计问题并拟定设计大纲。

5W1H 法是利用多种系统分析问题的方法之一。还有另一种方法是将初始的设计问题变成实现方法与设计目的之间的关系，即问一问自己该项目的设计目的是什么、可以通过哪些手段实现这些目的。

但是设计师首创的想法往往有 80% 无法被用户接受。究其原因，要么是该产品无法为用户带来真正的实惠，要么是违背了用户的本意，要么产品做出来本身就是个"灾难"。

如图 3-17 所示，这个设计看似很完美，因为从用户的角度来讲，父母各承担了小孩的一半压力，带孩子变得轻松，而且小孩还可以在上面荡秋千。

但是该产品的设计初衷考虑过环境吗？想想用户常常面对的环境吧：拥挤的地铁、熙熙攘攘的商店、车水马龙的大街……设计师眼中"完美"的设计实际上成了用户的负担。

◎ 图 3-17　二人跨带

新手设计师最容易犯的错误就是把自己当成典型用户，认为只要自己懂，大家就应该能懂。因此，他们常常会设计出只有自己才会使用的产品，而别人不会使用。

学习产品设计，一定要认清用户的心智模式决定一切的事实，这与真理、是非或对错无关。在设计互动的过程中，我们一定要谨记：找不到的功能根本没有功能、不会用的功能还不如没有功能。因此，在进行产品设计时，笔者建议不要让设计师解说自己设计的产品，而应该找一个没有见过该产品的人来直接操作，而且一边操作一边告诉大家，他认为该产品有什么功能、他先看到了什么、他会选择按哪里、他认为下一步应该怎么做等。这种报告方式被称为大声思考，它其实是一种可用性测试的技巧，因为它能够让设计师了解其设计是否存在误导或盲点，也可以让新手设计师了解用户测试的重要性。

一个好的产品设计要能够自己为自己辩护，不需要设计师的任何说明。想要达到这个境界，设计师就必须认识到：在构思一个成功的交互设计时，必须缜密考量5W1H，因为唯有从这6个方面进行详细考量，才能摒除自我盲目的坚持，建立正确的产品交互模型。

3.3.1 Who：给谁用

了解用户是设计师的首要课题，因此在构思设计方案的初期，设计师就必须先锁定目标用户。目标用户的范围越小，目标用户的特性就越鲜明，设计师就越容易抓到他们的喜好。例如，如果目标用户是15～20岁的长三角地区的女生，设计师就比较容易了解她们的喜好；如果目标客户是15～20岁的全中国的女生，设计师就很难了解其喜好。

一般的设计师经常会有散弹打鸟的心态，认为网撒得越广，潜在的商机就越大，殊不知这其实常常会收到反效果，因为平淡无奇的设计成果无法真正吸引任何一个群体。

图3-18为国产儿童家居品牌PUPUPULA推出的Little Can智能存钱罐。尽管无现金社会已经是大势所趋，但是这款存钱罐可以帮助父母在日常生活中帮助小朋友认识金钱。Little Can智能存钱罐通过3种智能交互——扭一扭、摇一摇、拍一拍，实现存钱、花钱、查余额、做任务四大功能。它需要搭配手机App一起使用，所有的功能都需要父母和孩子一起配合才能使用。在产品上线之后，PUPUPULA还发布了一支动画宣传短片，在不到一分钟的短片中，出现了几种颇具特色的音效，从孩子的啦啦声到有节奏感的鼓声，具化了小朋友收钱时的愉悦感，让人印象深刻（见图3-19）。

◎ 图 3-18　Little Can 智能存钱罐

◎ 图 3-19　PUPUPULA 的动画宣传短片

3.3.2　What：用什么

在策划阶段，设计师至少要考量 3 种程度的用户：初学者（Beginners）、中级用户（Intermediates）和专家（Experts）。一般来说，初学者需要的是引导，中级用户需要的是提示，而专家需要的是掌控力。

新手设计师容易犯的一个错误是把所有用户都当成专家，因为新手设计师很容易把自己对产品的了解直接投射到用户身上，这种情况在软件及网络设计方面最容易出现。新手设计师容易犯的另一个错误则是过于倾向初学者，一般人停留在初学阶段的时间并不会太长，而且大多数人并不喜欢作为初学者，因此新手设计师一定要让用户能够选择去关闭类似"操作提示""功能导览"等初学者才需要的元件。

在接触产品之后，绝大多数人很快就会做出选择：放弃该产品，或者继续使用并进阶成中级用户。尽管这些用户会很快地熟悉自己经常使用的功能，但鲜少有人会多花时间去彻底认识其他自己不需要及不常用的功能。也就是说，绝大多数人都会停留在中级用户的阶段，而不会达到无所不知的专家的阶段。因此，在设计过程中，设计师要同时为 3 种不同程度的用户做考量，但必须以中级用户为依据，因为这是最大的用户群体。

图 3-20 为黑胶唱片播放设备概念设计 oTon，它是专门为狂热的设计爱好者和音乐发烧友设计的。更确切地说，它更像是一款黑胶唱片读取设备，因为它并没有配备内置扬声器。音乐的播放需要oTon 通过蓝牙与附近任一扬声器或耳机连接后才能实现。这样的设计其实是让音乐能更加灵活地播放。oTon 的另一个功能是对黑胶唱片进行音频翻录。其目的是让音乐发烧友将他们喜爱的曲目数字化并将这些曲目导入手机中，以便他们可以随时随地收听音乐。同时，它能让黑胶唱片中的曲目得以备份，让它们能被永久地保存。

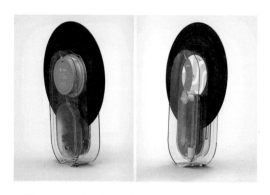

◎ 图 3-20　黑胶唱片播放设备概念设计 oTon

3.3.3 Where：在哪里用

针对在不同的场景中使用的产品，设计师在产品设计方面自然会有不同的考量，因为使用场景会影响用户在操作当下的状态、态度和需求。例如，在客厅的器材要精致、大方，才能上得厅堂；厨具要实用、容易清理，才能入得厨房；当然，只有防水、防滑而且绝对不会漏电的器械才待得了浴室。同样是电话，家用的和办公用的或者在公共空间使用的，其结构和功能也会大不相同。

如图 3-21 所示，LG Signature R9 可卷式 OLED 电视机拥有可以卷起来的屏幕，可以随心移动，不再受空间限制。当屏幕收起来时，它就是一个高级 Hi-Fi 音响系统，完全不占用空间，并且采用了羊毛编制的 Kvadrat 面料，尽显高级感。

 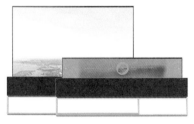

◎ 图 3-21　LG Signature R9 可卷式 OLED 电视机

除了以上比较实际、直接的考量，使用场景也会影响用户的状态和需求的优先级。例如，同样是查询银行账户信息，在提款机上要以安全和时效为首要考量，因此只需要显示总额这些最重要的基本信息，因为站在路边或在其他的公共空间，没有人会有时间、也根本不希望过度暴露其他信息。相对地，网络银行所提供的信息就必须重视细节和完整度，因为在个人空间查询账户信息，时间和安全性都不会受限，所以可以尽量深入，甚至可以因人们可能的需求，介绍其他相关产品，趁机展现银行全方位的体贴服务。

3.3.4 When：何时使用

◎ 图 3-22　转向盘上的声音控制按键
可以减少司机分心的机会

设计师在设计产品时，还需要注意用户会在什么时候使用该产品，因为使用场景和当时可能发生的其他情况都必须在设计师的考量之内，才能避免因为冲突而造成意外。例如，开车的人必须将手和注意力保持在道路安全上，因此就算不能采用声音控制，也必须让操控程序极度简化（见图 3-22）。

3.3.5 Why：为何用

"为何用"并不只是说明产品的用途而已，而是要去思考功能背后隐藏的内涵。例如，大家都知道网上拍卖最大的特点在于网站本身不参与交易，既不接触产品又不参与货币结算，既不负责库存又不负担运费，而是让消费者直接对接消费者的电子商务平台，但人们为什么要在网上拍卖东西？

首先，对买绝版或别处找不到的收藏品来说，网上拍卖自然有它的优势。其次，它远比商店有社群的感觉，就像在周末逛跳蚤市场一般，气氛是很重要的。最后，人们有抢便宜的快感。因此，网上拍卖平台要成功，就要通过各种独特的交互设计，设法强调特别的产品和社群的特质，甚至连猜对手的底价和得标成功率、倒数抢标都可以成为一种游戏。

同理，同样是智能手机，针对年轻的学子，就必须满足他们与同学取得联系的需求；针对走在时代尖端的新潮男女，就必须满足他们将智能手机当成时尚配件的需求；针对正在职场奋战的青年朋友，就要让它善于应付各种商务需求。设计师只有经过这种深度的思考，深入了解使用产品真正的原因，才能在用户及其需求之间构建正确的互动模式。

3.3.6　How：如何用

"如何用"考虑的是问题是如何产生的，以及利益相关者该怎样做，并尝试寻找解决该问题的方法。

最好的产品定位是"一句话说明白"，简单、明确的产品定位描述，说明设计师对用户群体、用户需求和产品价值拥有深刻和清晰的思考。

产品定位的过程是产品设想环节，先完成产品定位，再进行用户需求分析，即发现用户需求、分析用户需求和描述用户需求，最后进入正式设计环节。

产品决策是产品设计的第一步，也是最重要的一步。产品决策要确定做与不做什么。如果决策错误，那么不仅会造成时间、人力、物力和财力的浪费，还会给设计团队的运作带来严重的影响。所以，正确的产品决策至关重要。

决策完成之后的重要环节是产品的功能设计。功能设计是设定用什么功能满足用户需求，其中核心功能是产品的立身之本。

产品设计中重要的一步还有用户体验。设计师不仅要让用户使用产品，满足用户需求，还要让用户体验得好。用户体验大多体现在产品细节上，产品细节决定了产品的差异和用户口碑。

图 3-23 为 XS 系列玩具，包括两种不同类型的玩具：3D 积木

（1X/2X）和 3D 拼图（3X/4X/5X/6X），每一种玩具都是用正键（而不是基于摩擦的）连锁制作的，这些连锁允许各个部件从所有 6 个正交方向连接起来。所有玩具的部件都可以相互配合，从而提高了它们的通用性，形成了一个充满乐趣的玩具伞形家庭。这类 STEM 教育辅助玩具的独特销售主张是促使儿童思考、分析和解决问题，从而提高他们的身体、社交、认知、创造和沟通能力。虽然这些玩具主要是为成长阶段的儿童设计的，但它们也能让青少年和成年人全神贯注地玩。

◎ 图 3-23　XS 系列玩具

3.4　产品定位的五步法

定位是指确定企业或产品在用户心目中的形象和地位。这个形象和地位应该是与众不同的。但是，对于如何定位，部分人士认为，定位是给产品定位。营销研究与竞争实践表明，仅有产品定位已经不够了，必须从产品定位扩展至营销定位。产品定位必须解决的 5 个问题如图 3-24 所示。

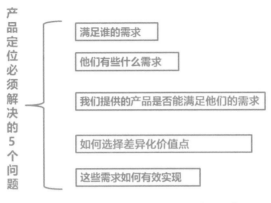

◎ 图 3-24　产品定位必须解决的 5 个问题

一般而言，产品定位采用五步法（见图 3-25）：目标市场定位、产品需求定位、企业产品测试定位、产品差异化价值点定位、营销组合定位。这种方法为我们进行产品定位分析提供了一个有效的实施模型。

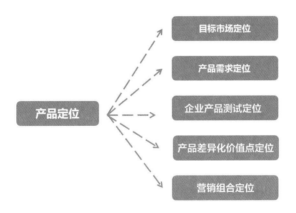

◎ 图 3-25　产品定位的五步法

3.4.1　目标市场定位

目标市场定位是指进行市场细分与目标市场选择，即明白为谁服务。在市场分化的今天，任何一个企业和任何一种产品的目标市场都

我们需要确定细分市场的标准并对整体市场进行细分，对细分后的市场进行评估，最终确定目标市场。

不可能是整个市场。我们需要确定细分市场的标准并对整体市场进行细分，对细分后的市场进行评估，最终确定目标市场。

目标市场的定位可采取如图 3-26 所示的策略。

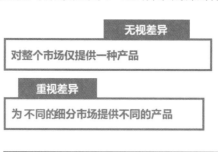

◎ 图 3-26　目标市场的定位策略

在时尚界有一个专有名词：可适应性服装，是指那些专为残障或行动不便人士设计的服装。随着整个社会的包容性越来越强，已经有不少品牌开始进入这个领域。Zappos 成立于 1999 年，被称为"卖鞋界的亚马逊"。2017 年，这家在线零售商开始专注于自适应市场，专门为残障人士提供服装和鞋类产品。2019 年秋季，Zappos 推出一个名为"Single & Different Size Shoes"的测试版项目，允许消费者只购买一只或两只不同尺码的鞋子，其价格与一双配套鞋差不多。尽管最初这一项目是为残障人士量身打造的，但是通过提供单只鞋和不同尺码的鞋子，Zappos 也在无形之中拓展了大众市场的需求，尤其是那些想要尝试搭配不同鞋子的潮流消费者。Zappos 专门为残障人士提供的鞋类产品如图 3-27 所示。

◎ 图 3-27　Zappos 专门为残障人士提供的鞋类产品

3.4.2　产品需求定位

产品需求定位是了解需求的过程，即确定满足谁的什么需求。产品定位过程是细分目标市场并进行子市场选择的过程。这里的细分目标市场是对选择后的目标市场进行细分，选择一个或几个目标子市场的过程。对目标市场的需求确定，不是根据产品的类别进行的，也不是根据用户的表面特性来进行的，而是根据用户的需求价值来进行的。用户在购买产品时，总是为了获取某种产品的价值。产品价值组合是由产品功能组合实现的，不同的用户对产品有着不同的价值诉求，这就要求企业提供与诉求点相同的产品。在这一环节，企业需要调研需求，这些需求可以指导新产品开发或产品改进。

例如，早在 2014 年，支付宝钱包就推出了无障碍支付功能，而后升级无障碍体验，推出无障碍密码键盘。2016 年 4 月，支付宝研发出了语音读屏功能，让有特殊视力需求的用户能够独立使用支付宝的服务。2019 年 10 月 10 日是 2019 年的世界视觉日，支付宝发布了一支短片，讲述了某视障女孩独自出国旅行的故事：独自一人前往异国，用导航坐地铁、用打车软件叫出租车、去美食市场购物、给妈妈买口红等，这个视障女孩也像其他人一样，享受到了互联网带来的便利。

3.4.3　企业产品测试定位

企业产品测试定位是指对企业进行产品创意或产品测试，即确定企业提供何种产品或提供的产品是否能满足用户的需求。该环节主要进行企业自身产品的设计或改进。通过使用符号或者实体形式来展示产品（未开发和已开发）的特性，考察用户对产品概念的理解、偏好和接受情况。这一环节的测试研究需要从心理层面到行为层面来进行深入探究，以便获得用户对某一产品概念的整体接受情况。企业产品测试定位要探究的 4 个内容如图 3-28 所示。

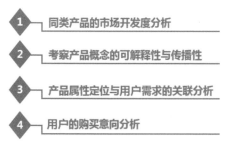

1　同类产品的市场开发度分析

2　考察产品概念的可解释性与传播性

3　产品属性定位与用户需求的关联分析

4　用户的购买意向分析

◎ 图 3-28　企业产品测试定位要探究的 4 个内容

3.4.4　产品差异化价值点定位

产品差异化价值点定位需要解决用户的需求、企业提供的产品及竞争各方特点的结合问题，同时要考虑提炼的这些独特点如何与其他营销属性进行综合。在上述研究的基础上，企业结合基于用户的竞争研究，进行营销属性的定位，一般的产品独特销售价值定位方法包括从产品独特价值的特色进行定位、从产品解决问题的特色进行定位、从产品的使用场景和时机进行定位、从用户类型进行定位、从竞争品牌对比进行定位、从产品类别的游离进行定位、综合定位等。在此基础上，企业需要进行相应的差异化品牌形象定位与推广。

在差异化和定位战略规划过程中，营销人员通常会准备一幅认知定位图。该图将展示用户对某品牌相对于其竞争对手在重要的购买参数上的认知。图 3-29 是美国大型豪华 SUV（运动型多用途汽车）的定位图。图中圆圈的位置表示品牌在两个维度（价格和导向——豪华和性能）上被用户认知的定位，圆圈的大小代表该品牌的相对市场份额。

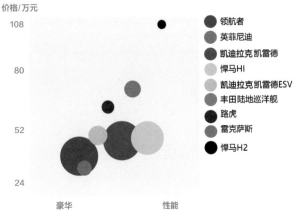

◎ 图 3-29　美国大型豪华 SUV 的定位图

由此可以看到，用户将悍马 HI 视为货真价实的高性能 SUV。市场领先的凯迪拉克凯雷德定位于价格适中、豪华和性能均衡的大型豪华 SUV。凯迪拉克凯雷德的特点是都市豪华，而且对它来说，性能意味着马力和安全性能。项目团队会发现，凯迪拉克凯雷德的广告中从未提及越野探险。相反，丰田陆地巡洋舰和路虎定位于豪华的越野车。

3.4.5　营销组合定位

营销组合定位即如何满足需求,它是进行营销组合定位的过程。在确定要满足的用户的需求与企业要提供的产品之后,企业需要设计一个营销组合方案并实施这个方案,使定位到位。这不仅是品牌推广的过程,还是产品价格、渠道策略和沟通策略有机组合的过程。正如菲利普·科特勒所言,解决定位问题,能帮助企业解决营销组合问题。营销组合(产品、价格、渠道、促销)是定位战略、战术运用的结果。在有的情况下,到位过程也是一个再定位的过程。因为在产品差异化很难实现时,企业必须通过营销差异化来定位。如今,一个项目团队推出任何一种新产品畅销不过一个月,就会有模仿品出现在市场上,而营销差异化要比产品模仿难得多。因此,仅有产品定位已经远远不够,企业必须从产品定位扩展至整个营销的定位。

3.5　市场细分

市场是由消费者组成的,而消费者在各个方面都是不同的。他们可以在需求、资源、地点、购买态度和购买行为上相异。通过市场细分,企业可以将庞大的不同质的市场划分成一个个小市场,从而提供与消费者的独特需求相匹配的产品和服务。

3.5.1　消费者市场细分的 4 个角度

在进行市场细分时,营销人员需要对不同的细分变量进行测试,包括测试单独的和组合的要素,以便发现观察市场结构的最佳途径。消费者市场细分的角度有很多,这里着重探讨以下 4 个角度:地理、

> 从人口角度进行细分是指以年龄、性别、家庭规模、家庭生命周期、收入、职业、受教育程度、宗教、种族等人口统计变量为基础对市场进行划分。

人口、心理和行为。

1. 从地理角度进行细分

从地理角度进行细分是指将市场划分为国家、省（直辖市、自治区）、城市、县等地理单位。企业可以决定在一个或者几个地理区域内运作，或者在所有区域经营，但关注不同地理区域内消费者的需求和欲望的差异。

虽然一些大企业，如可口可乐或索尼公司，在全球上百个国家销售产品，但大多数国际企业还是将精力集中于有限的市场。跨国经营面临很多新的挑战。不同的国家甚至是邻国，都可能在经济、文化、政治构成上相距甚远。因此，正如在国内市场上那样，国际企业也需要将它们的世界市场按照不同购买需求和行为进行细分。

根据地理、经济、政治、文化和其他因素划分国际市场，假定每个细分市场中都包含着相似的国家集群。然而，新的通信技术，如卫星电视、互联网，将遍布世界各地的消费者联系起来，以至于无论消费者分散在世界的什么地方，营销人员都能够锁定并接触到志趣相投的细分消费者群体。跨国市场细分，即将不同国家具有相似需求和购买行为的消费者划分为同一细分市场。

2. 从人口角度进行细分

从人口角度进行细分是指以年龄、性别、家庭规模、家庭生命周期、收入、职业、受教育程度、宗教、种族等人口统计变量为基础对市场进行划分。人口统计变量是对消费者进行细分的最普遍的依据。

原因有两个：一是消费者的需求、欲望和使用频率通常与其人口统计变量密切相关；二是人口统计变量比其他大多数种类的变量更容易衡量。其实，即使营销人员采用其他参数（如利润或行为）定义细分市场，他们也必须知道细分市场消费者的人口统计特征，才能评估目标市场的规模，使之能够高效地运作。

消费者的需求和欲望因年龄不同而有所不同。一些企业按年龄和生命周期进行细分，对不同年龄和处于生命周期不同阶段的消费者提供不同的产品，或者采用不同的营销方法。例如，面向儿童市场，雅培公司销售"均衡营养"饮料 NutrilPals（见图 3-30），产品包装上印着卡通人物；而面向成年人市场，它销售 Ensure（见图 3-31），承诺"帮助项目团队保持健康、活力和充沛的精力"。

◎ 图 3-30　NutrilPals

◎ 图 3-31　Ensure

3．从心理角度进行细分

从心理角度进行细分即基于社会阶层、生活方式或者人格特征，对市场进行划分。人口统计特征相同的人群，仍可能具有不同的心理特征。

例如，东风雪铁龙 C4L 全系、全新爱丽舍、全新世嘉都在中级车市场。通过这 3 款车型的投放，东风雪铁龙在中级车市场上形成了密集的产品布局，具备了强大的竞争优势。除了这样密集的布局，东风雪铁龙还从目标人群出发，将目标人群定位进行差异化。对于 C4L 与全新爱丽舍，二者除了级别差异外，还在目标人群上寻找差异。C4L 的目标人群更加年轻化，全新爱丽舍的目标人群则更加成熟，二者的目标人群有年龄和心理上的差异。

4．从行为角度进行细分

从行为角度进行细分是指依据消费者对产品的了解、态度、使用或反应对市场进行划分。很多营销人员相信行为变量是建立细分市场最佳的起点。例如，根据购买者产生购买动机、实际购买或使用所购产品的时机进行细分，可帮助企业更好地设置产品用途。

大家有没有这样的经历：与朋友分享一筒薯片，只能拿着筒递过来递过去，很不方便。为此，年轻的设计师 Dohyuk Kwon 带来了一款薯片包装，大家在需要分享时只需将缠绕在外包装腰部的束带解开，上半部分就能散开，变成一个纸盘，方便与朋友共享薯片，如图 3-32 所示。这款人性化的包装使分享薯片变得更加快乐。

◎ 图 3-32　Bloom Chips 二合一薯片包装设计

3.5.2　有效市场细分的要求

诚然，细分市场的方法有很多，但并非所有的都有效。市场细分
要有效，必须符合如图 3-33 所示的要求。

有效市场细分的5个要求

可衡量性

易接触性

可持续性

可区分性

可执行性

◎ 图 3-33　有效市场细分的 5 个要求

1.　可衡量性

市场的规模、消费者的购买力，以及细分市场的特征都要能够测
量。有些细分变量很难测量，如美国有几千万个惯用左手的人，然而
很少有产品将目标市场定位于这群人。主要原因可能是这个细分市场
难以识别，且难以测量。关于惯用左手的人的人口统计特征，没有任
何数据资料，而且美国统计局在它的研究中不会追踪惯用左手的人。

私人数据企业保有许多人群的数据资料，但不包括惯用左手的人。

2．易接触性

企业可以有效地接触细分市场并为之提供服务。假如一个香水企业发现自己产品的重度用户是夜间社交生活丰富的单身男女，那么，除非这个群体的成员聚集在某些地方生活、购物，并暴露于某种媒体，否则他们将很难被接触到。

3．可持续性

细分市场要足够大，或利润空间够大。一个有效的细分市场应该是值得用一种量身定制的营销方案去争取的、尽可能最大的同质群体。例如，对一个汽车制造商来说，专为身高超过 7 英尺（1 英尺 = 30.48 厘米）的人开发汽车肯定是不值得的。

4．可区分性

细分市场在概念上可以区分，并对不同的营销要素及组合方案有差异性的反应。如果已婚女士和未婚女士对香水的促销反应相似，她们就无法构成独立的细分市场。

5．可执行性

可执行性即可通过设计有效的营销方案吸引细分消费者群体并为他们服务。例如，虽然一个小型航空企业识别了 7 个细分市场，但其员工数量太少，不可能为每个细分市场都开发单独的营销方案。

第4章

设计调研

　　设计调研是设计活动中的一个重要环节，通过调研，设计师可广泛收集资料并进行分析研究，得到较为科学的设计项目定位。设计调研一般由设计师或专门的调研机构完成，设计师必须了解调研的过程，并能对结果进行深入分析。调研结果反映的基本上是短期内的情况，而设计思维需要具备一定的超前性才能帮助设计师把握设计的正确方向，设计师要利用调研结果，但不能被调研数据和调研结果禁锢了头脑。

　　产品设计史上的一个经典的调研案例是Zippo打火机（见图4-1）。

◎ 图4-1　Zippo 打火机

　　1932 年，美国人乔治·布雷斯代在一个酒馆外看到一个朋友笨拙地用一个廉价打火机点烟，便产生了设计一个简单不受气压或低温影响的打火机的想法。1933 年，第一款 Zippo 打火机诞生并开始风靡全球。在第二次世界大战期间，由于卓越的性能，Zippo 打火机成为美国的军用品。

自 20 世纪 50 年代烟草达到鼎盛之后，烟民的数量一路减少，至今已经减少超过 50%，这严重影响了打火机市场。然而，Zippo 打火机的销量却越来越多，截至 2019 年，其年销售额已突破 10 亿元，Zippo 打火机被喻为"打火机里的哈雷摩托"，成为雄性美感的代名词和具有高度收藏价值的艺术品。

4.1　目标人群的确定

人是复杂的高等生物，研究人绝不是一件容易的事。高效而优秀的设计可以用正确的方式从正确的人那里获取正确的信息。正因如此，发现并了解目标人群是设计调研必不可少的环节。

当我们思考该如何描述目标人群时，脑海中会浮现许多方式和衡量标准。然而，它们大致包括 3 个方面：身份、文化和价值观。身份是人的基本说明，如性别、种族、年龄和职业等。这些描述都十分清晰与客观，可以经常被人们用作统计数据。人口统计学研究是获取有关身份数据的最佳途径。文化是一系列描述人与群体之间关系的因素，包括目标人群的传统、国籍、社会规范和宗教。有关文化的描述主要来源于民族志研究。价值观与个体因素和群体因素有关：一个人是如何思考与感知的？他的期望什么？他如何进行决策？对于价值观的研究往往借助于消费心理学的研究方法。目标人群的确定方法如图 4-2 所示。

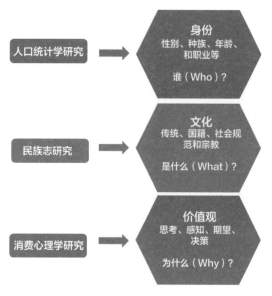

◎ 图 4-2　目标人群的确定方法

4.1.1　人口统计学研究

　　人口统计学特征是可以被量化的特征，包括一个人基本的信息。这些信息对设计师有所帮助，主要包含如图 4-3 所示的因素。

人口统计学量化因素	
性别	家庭中有固定收入的人数
年龄	拥有或租赁的房产
种族	在产品/服务方面的支出
受教育程度	使用/购买该产品/服务的频率
婚姻状况	
家庭规模	
收入水平	

◎ 图 4-3　人口统计学量化因素

民族志研究关注整体，
要求人们在他们的自然环境
中进行实际的研究，而不是
通过实验的方式。

4.1.2 民族志研究

民族志研究也称区域研究。民族志研究关注整体，要求人们在他们的自然环境中进行实际的研究，而不是通过实验的方式。

大多数民族志研究都是直接研究人的日常行为。往往由人类学家和社会学家来进行这类研究。作为研究实践的一部分，设计师也逐渐参与到民族志研究中。美国平面设计协会与 Cheskin 公司合作，共同在2008 年发布了民族志研究方法。图 4-4 概括了该方法的基本步骤。该方法鼓励设计师采纳民族志研究作为专业服务的一部分，或者作为自身知识的补充。一些设计师甚至把民族志研究称为设计的基础性研究。民族志研究剖析了一个人的文化、信仰和价值观。

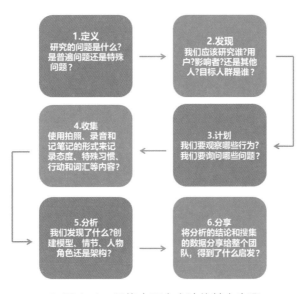

◎ 图 4-4 民族志研究方法的基本步骤

从事民族志研究的研究者要具有耐心，并且具有敏锐的洞察力，一丝不苟地记录自己所看到的一切。对于最终获取的信息，研究者必须经过仔细检查与分析，确保结果真实而有意义。通过民族志研究发现机会，并且预测趋势，设计师可以了解目标人群如何看待他们自己。

4.1.3　消费心理学研究

除了民族志研究，我们还可以通过消费心理学研究来定义目标人群。消费心理学研究探讨消费者的动机，即行为的原因。

消费心理学的研究方法很多，常见的包括正式的问卷调查、虚拟或现场焦点小组，以及利用各种数据搜集与分析软件快速归纳消费者的数据并将其分类，从而匹配相应的消费者类型。

1. 消费心理学研究的优势

消费心理学研究的优势如图 4-5 所示。

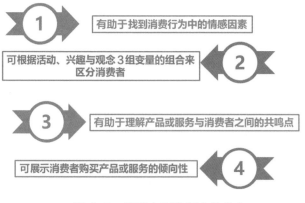

1　有助于找到消费行为中的情感因素

可根据活动、兴趣与观念 3 组变量的组合来区分消费者　2

3　有助于理解产品或服务与消费者之间的共鸣点

可展示消费者购买产品或服务的倾向性　4

◎ 图 4-5　消费心理学研究的优势

2．消费心理学研究的劣势

消费心理学研究的劣势如图 4-6 所示。

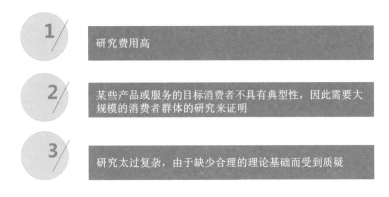

◎ 图 4-6　消费心理学研究的劣势

3．价值观与生活方式的分类

消费心理学研究可以帮助我们找到产品或服务的目标消费者。合理的消费者心理学研究可以告诉我们消费者是谁，以及他们的需求和喜好。

4.2　设计调研的内容

1．市场情况调研

市场情况调研即对设计服务对象的市场情况进行全面调研的过程，包括如图 4-7 所示的 3 个方面的内容。

1 市场特征分析 ----- 分析市场的特征及稳定性等

了解市场需求量的大小、目前存在的品 ----- 市场空间分析 2
牌所占的地位和分量

3 市场地理分析 ----- 主要是进行地域市场细分,分析区域文化、
市场环境、国际市场信息

◎ 图 4-7 市场情况调查的内容

2.消费者情况调研

消费者情况调研即针对消费者的年龄、性别、民族、习惯、风俗、受教育程度、职业、爱好、群体成分、经济情况及需求层次等进行广泛的调研,对消费者的家庭、角色、地位等进行全面调研,从而了解消费者的看法和期望,并发现潜在的需求。

3.相关环境情况调研

消费者的购买行为受到一系列环境因素的影响,我们要对与市场相关的环境,如经济环境、社会文化环境、自然条件环境和政治环境等进行调研。由于文化影响着道德观念、教育、法律等,因此我们在对某一市场区域的文化背景进行调研时,一定要重视对文化特征的分析,并利用它创造出新的市场机会。

4.竞争对手情况调研

竞争对手情况调研包括对竞争对手的文化、规模、资金、技术资本、成本、效益、新技术和新材料的开发情况、利润和公共关系的调研,还包括有相当竞争力的同类产品的性能、材料、造型、价格、特色等的调研。我们要通过调研发现竞争对手的优势。

4.3　设计调研的步骤

设计调研的步骤如图 4-8 所示。

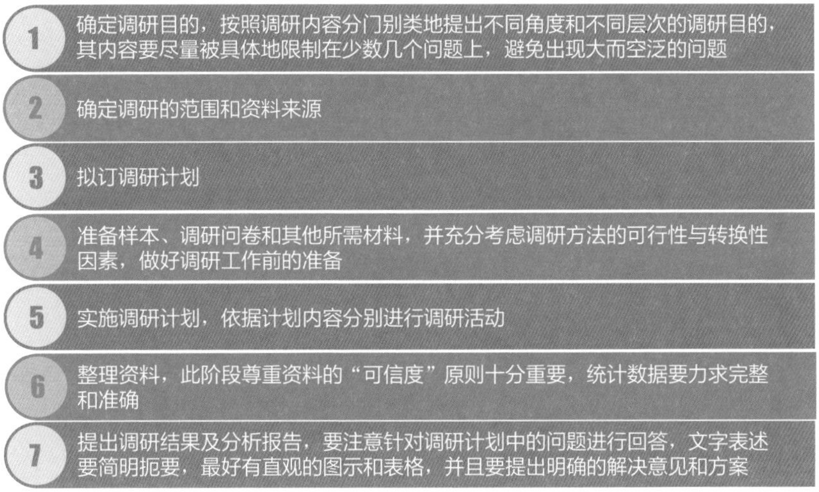

1. 确定调研目的，按照调研内容分门别类地提出不同角度和不同层次的调研目的，其内容要尽量被具体地限制在少数几个问题上，避免出现大而空泛的问题

2. 确定调研的范围和资料来源

3. 拟订调研计划

4. 准备样本、调研问卷和其他所需材料，并充分考虑调研方法的可行性与转换性因素，做好调研工作前的准备

5. 实施调研计划，依据计划内容分别进行调研活动

6. 整理资料，此阶段尊重资料的"可信度"原则十分重要，统计数据要力求完整和准确

7. 提出调研结果及分析报告，要注意针对调研计划中的问题进行回答，文字表述要简明扼要，最好有直观的图示和表格，并且要提出明确的解决意见和方案

◎ 图 4-8　设计调研的步骤

4.4　设计调研常用的 10 种方法

调研方法在设计项目确认阶段极其重要，能否科学并且恰当地运用调研方法，将对整个设计项目的准确定位产生十分重要的影响。

调研方法很多，一般视调研重点的不同而采用不同的调研方法。最常见、最普通的调研方法是访问，包括面谈、电话调研、邮寄调研等。在调研前，调研人员要制订调研计划，确定调研对象和调研范围，设计好调查问题，尽可能地使调研工作方便、快捷、简短、明了。

此外，设计师也应该具有敏锐的感受生活的能力，要善于发现生活细节。

4.4.1　实地调研法

虽然舒舒服服地待在工作室里也可以使用很多方法和工具进行调研，但一般来说，发现新事物最好的方法是走出去观察人们是如何生活的，面对面的交流通常是从对方那里得到诚实回答的最好的方法。

1．实地调研

实地调研就是在项目团队作品的最终投放环境中所进行的调研。这是整个调研的一个积极组成部分，有助于项目团队明确资源、受众及现有作品。这种调研形式的好处就是项目团队可以直接发现消费者选择的产品和服务并与其进行互动的方式，有助于项目团队明确目标消费者，以及深化风格、信息、材料和流程方面的想法。

但是，实地调研的工作量可能很大。实地调研的工作可能由多个设计师共同完成。与他人合作往往会得到更好的结果，因为参与的人越多，就意味着可以覆盖的背景越广阔。在分析结果时，和他人合作也非常有用——记录完备的研究一般会包括大量的照片、备注、视频、音频等信息。而最重要的是，其中还会包括一些线索，调研人员可以借助问卷等其他形式继续跟进。

调研人员应该以谨慎的态度对实地调研进行分析和反思。在审视结果时，应该重新考虑自己的项目，并向自己提出这样的问题："这样

> 趋势掌握：实地调研的一种形式，目的是明确将要出现的趋势。这种方法主要被应用在时尚产业中，但它在产品与平面设计领域同样具有重要价值。

的信息是否有助于推进项目？"

如图 4-9 所示，这个试验性的包装方案使用了天然材料、印刷纸板和用来捆扎的绳结。木制瓶塞的使用是实地调研的结果。"我们询问人们如何最大限度地使用沐浴露，结果发现几乎每个人都会在快要用完的时候把瓶子底朝上放着。"在发现了这一点之后，设计师对材料进行了研究，最终获得了灵感，制作出硬质的木制瓶塞，这样就可以让瓶子头朝下地立起来。

◎ 图 4-9　试验性的包装方案研究

2. 趋势掌握

趋势掌握是实地调研的一种形式，目的是明确将要出现的趋势。这种方法主要被应用在时尚产业中，但它在产品与平面设计领域同样具有重要价值。

趋势掌握是在街头操作的。对于那些个人风格明显，或者具有创新精神的人，我们要认真观察，同时和他们展开交谈。这些被观察的对象通常都不是设计师，也不是什么名人，只是一些普通人。在确定了某个人或者某个群体之后，我们就要询问对方其个人风格的来源，以及其个人风格产生的影响。在访问了几个人之后，我们就可以撰写报告，并在其中列举出一个企业在开发尖端产品或服务时需要考虑的要素。

用这种方法搜集到的信息与个人风格息息相关。但是，如果我们

　　猎酷：用于发掘"接下来的风潮"的实地调研法。"酷产品"
的消费者通常对传统的市场营销和广告充满叛逆情绪，他们拥
有自己的表达方式和身份归属感，能够主动参与改造产品乃至
创造潮流。调研人员唯有通过观察消费者本身的行为习惯和消
费喜好，才能有效预测未来的流行趋势。

　　在整理信息时注意观察图案、色彩及材料方面的趋势，就可以用一种更容易的方式将调研结果直接应用到平面设计中，因为所有的艺术和设计领域都是互通的、相辅相成的。

　　有一种说法是，想法并不会在速写本中生存，而是会在速写本中死去。所以设计师要研究、深化与展示自己的作品。趋势往往来自别的领域。设计师应该既关注平面设计领域的变化，又留意艺术、音乐与电影领域的动态与发展。

　　3. 猎酷

◎ 图 4-10　猎酷

　　猎酷（见图 4-10）是一种用于发掘"接下来的风潮"的实地调研法。因为"酷产品"的消费者通常对传统的市场营销和广告充满叛逆情绪，他们拥有自己的表达方式和身份归属感，能够主动参与改造产品乃至创造潮流，所以像传统大牌那样采取高高在上的引领姿态是没有用的。调研人员唯有通过观察消费者本身的行为习惯和消费喜好，才能有效预测未来的流行趋势。

　　这种调研形式的信息搜集技巧是隐蔽的，因为很多年轻人都觉得被企业的设计调研机构进行有的放矢的提问是让人不悦的经历。因此，很多时候，猎酷方法都是在对参与者的了解并不全面的情况下使用的。

猎酷人员制作的报告构成了调研的基础，而这一基础又可以被进一步发展成设计理念和想法。但是，一般来说，识别性非常强的趋势在设计中不会被完全采纳，因为这些趋势带有个人特征，或者不够明确——有些模糊不清的元素对大众来说并没有吸引力，而很多设计师和用户所追求的恰好是大众的诉求。

4.4.2　用户观察与访谈法

通过用户观察，设计师能研究用户在特定情境下的行为，深入挖掘用户"真实生活"中的各种现象、相关变量，以及现象与变量的关系。

1．何时使用此方法

不同领域的设计项目需要论证不同的假设并回答不同的研究问题，观察所得到的五花八门的数据亦需要被合理地评估和分析。人文科学的主要研究对象是人的行为，以及人与社会技术环境的交互。设计师可以根据明确定义的指标，描述、分析并解释观察结果与隐藏变量之间的关系。

当项目团队对产品使用中的某些现象、相关变量及现象与变量的关系一无所知或所知甚少时，用户观察可以助设计师一臂之力——设计师可以通过它看到用户的"真实生活"。在观察中，设计师会遇到诸多可预见和不可预见的情形。在探索设计问题时，观察可以帮设计师分辨影响交互的不同因素。观察用户的日常生活能帮助设计师理解什么是好的产品或服务体验，而观察用户与产品原型的交互能帮助设计师改进产品设计。

运用此方法，设计师能更好地理解设计问题，并得出有效、可行的概念。由此得出的大量视觉信息也能辅助设计师更专业地与项目利益相关者交流设计决策。

2. 如何使用此方法

如果设计师想在毫不干预的情形下对用户进行观察，就需要将自己隐藏起来，或者采用问答的形式。更细致的研究则需设计师在真实情况中或在实验室设定的场景中观察用户对某种情形的反应。视频拍摄是最好的记录方式，当然也不排除其他方式，如拍照片或记笔记。设计师配合使用其他研究方法，积累更多的原始数据，全方位地分析所有数据并将其转化为设计语言。例如，将用户观察与访谈结合使用，设计师能更好地理解用户思维，将数据整理成图片、笔记等，进行统一的定性分析。

3. 用户观察与访谈法的主要流程

用户观察与访谈法的主要流程如图 4-11 所示。

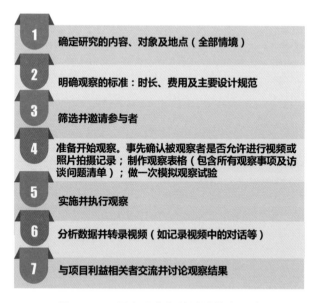

1　确定研究的内容、对象及地点（全部情境）

2　明确观察的标准：时长、费用及主要设计规范

3　筛选并邀请参与者

4　准备开始观察。事先确认被观察者是否允许进行视频或照片拍摄记录；制作观察表格（包含所有观察事项及访谈问题清单）；做一次模拟观察试验

5　实施并执行观察

6　分析数据并转录视频（如记录视频中的对话等）

7　与项目利益相关者交流并讨论观察结果

◎ 图 4-11　用户观察与访谈法的主要流程

4. 用户观察与访谈法的使用技巧

（1）访谈流程和心态把控：亲自访谈的好处更多；提问要有井然有序，先问重要度高的问题，从容易聊得开的话题开始，争取获得不带成见的意见；访谈的心态要调整好——不带成见，想象对方的生活情境。

（2）问出核心问题的诀窍：聊出有用的信息（见图4-12）；多提开放式问题（见图4-13）。引导说出真心话的技巧：讲究应答与附和的技巧；紧追"即便是"之类的发言；引导多种意见；不让负面发言影响情绪。

◎ 图4-12　让受访者吐露真心话的说话范例

◎ 图4-13　询问印象或感想时的说话范例

問卷調查法：由一系列問題構成的，用於測量人的行為和態度的心理學基本研究方法之一。使用問卷調查法可以在短時間內搜集到大量樣本數據。

4.4.3 問卷調查法

問卷調查法是由一系列問題構成的，用於測量人的行為和態度的心理學基本研究方法之一。使用問卷調查法可以在短時間內搜集到大量樣本數據。

在項目前期，項目團隊應快速了解用戶需求，為產品設計提供參考；在項目後期，項目團隊應驗證產品設計想法或了解用戶滿意度，為產品設計提供改進方向。

1. 問卷調查法的使用場景

何時使用問卷調查法，取決於項目團隊想解決什麼問題。問卷調查法常見的幾種使用場景如下。

（1）在產品進行重要改進之前，使用問卷調查法評估用戶對現階段產品的滿意度，以便後續改進設計。

（2）先通過定性研究（如焦點小組、訪談等）得出結論，再使用問卷調查法去驗證先前的結論。

（3）編制一些基本的指標題目（如手機使用習慣、經歷等客觀存在的），用於篩選合適的目標用戶進行深入訪談。

2. 問卷調查法的實施步驟

（1）溝通需求。在實施問卷調查法之前，項目團隊需要先和需求方進行溝通，如確定調查目的、調查的用戶、對調查的期待等，主要確定需求方的真實目的，以及是否適合採用問卷調查法。

（2）安排日程。问卷调查法的前期准备活动（如设计头脑风暴问题和复查修正问题、确定数据分析方法、在线编辑并设计问题的逻辑等）会影响整个日程的安排。问卷一旦被发出，就不再容易被更改，因此问卷调查法的日程安排一定要合理。问卷调查法的日程安排如表 4-1 所示。

表 4-1　问卷调查法的日程安排

时间	事件
T－3周	沟通需求，确定是否适合采用问卷调查法
	设计头脑风暴问题，并进行编辑
T－2周	与利益相关者沟通，修改问题并达成共识
T－1周	确定问卷分发渠道，并设计问题的逻辑
T－3天	进行预测试
T－2天	检查预测试结果，如有需要，则再次修改
T	分发问卷（一般需要3～7天）
T＋2天	开始分析
T＋1周	完成分析

（3）设计问题。在明确调查目的之后，项目团队就需要对问题进行设计。问题的来源可以是多方面的，主要来源如图4-14所示。

◎ 图 4-14　问题的主要来源

常见的问题包括 3 类：行为类（如多久使用一次产品、使用了多久、还使用哪些竞品、使用频率如何、使用哪些功能等）、态度类（如对产品是否满意、认为产品最必要和最不必要的是什么、最期待的是什么、是否愿意推荐产品给朋友等）、特征类（如产品的使用终端，用户使用的手机系统，用户的性别、年龄、收入、所在地区、职业等）。

问题的措辞、选项的措辞、选项的顺序和前后文语境都会影响用户对问题的理解，从而影响用户的回答。因此，项目团队要尽量减少测量的偏差，要让用户以与项目团队相同的方式理解问题，确保用户能够回答项目团队的问题，确保用户愿意回答项目团队的问题，确保每个用户都能找到适合自己实际情况的选项，并且避免诱导用户做出不符合自己实际情况的选择。

（4）优化问卷。在编辑完问题后，项目团队要开始对整个问卷进行优化。一般来说，问卷包括指导语、开头、中间、结尾4个部分。问卷的结构优化如图4-15所示。

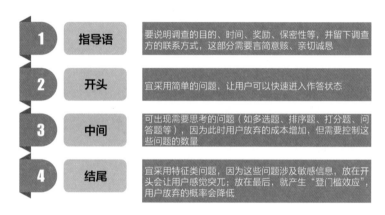

◎ 图4-15　问卷的结构优化

除此之外，项目团队还要再次检查每个问题及选项的语句是否通顺、是否有歧义，每个选项是否穷尽且互相排斥，逻辑跳转是否正确等。

（5）预测试。预测试的主要目的在于检查问卷中可能存在的问题设置、句子理解、逻辑跳转等问题。如果遇到这些问题，就需要及时调整和修改，以免问卷发出后造成不必要的数据损失。

（6）实施问卷调查。项目团队在选取样本并确定样本数量后，就要投放问卷，之后回收并清洗数据，从而进行数据分析。数据清洗的4个标准如图4-16所示。

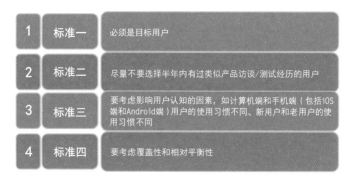

1	标准一	必须是目标用户
2	标准二	尽量不要选择半年内有过类似产品访谈/测试经历的用户
3	标准三	要考虑影响用户认知的因素,如计算机端和手机端(包括iOS端和Android端)用户的使用习惯不同、新用户和老用户的使用习惯不同
4	标准四	要考虑覆盖性和相对平衡性

◎ 图 4-16　数据清洗的 4 个标准

　　总而言之,问卷调查法既是一门学问,又是一门艺术,最难的部分是问卷的编制,它对于问题的设置和遣词造句都有一定的专业要求。

4.4.4　情境地图法

　　情境地图法是一种以用户为中心的设计方法,它将用户视为"有经验的专家",并邀其参与设计过程。用户可以借助一些启发式工具,描述自身的使用经历,从而参与产品设计。

　　情境是指产品被使用的情形和环境。所有与产品使用体验相关的因素皆是有价值的,这些因素包括社会因素、文化因素、物理特征及用户的内心状态(如感觉、心境等)。

　　情境地图暗示了所取得的信息应该作为设计师的设计导图。它能帮助设计师找到设计的方向、整理所观察到的信息、认识困难与机会。情境地图法只能用于引发设计灵感,不能用于论证设计结果。

1. 何时使用此方法

　　在设计项目概念生成之前使用情境地图法的效果最佳,因为此时依然有极大的空间来寻找新的市场机会。除了能深入洞悉目标项目,使用情境地图法还能得到其他诸多有利于设计的结果，如人物角色、创新策略、对市场划分的独到见解和有利于其他创新项目的原创解读等。情境地图法中运用了多种启发式工具，以便用户能在有趣的游戏中描述自己的使用经历，也能让用户更关注自己的使用经历。用户需要绘制一张产品的使用情境图，帮助他们表达使用该产品的目的、他们的潜在需求和实际操作过程。情境地图法能帮助设计师从用户的角度思考问题，并将用户体验转化成所需的产品设计方案。

2. 如何使用此方法

设计师在组织自己的情境地图法讨论会议之前，应首先以参与者的身份加入其中，体验其中的各种流程及意义。如此，在自己组织的情境地图法讨论会议中，设计师才能更好地与参与者进行互动，这也能确保自己在情境地图法讨论会议之前做好充分的计划和准备。否则，设计师在寻找参与者、约定时间地点、准备启发式工具时，就可能遇到麻烦。

3. 情境地图法的主要流程

（1）准备阶段：定义主题并策划各项活动；绘制一份预先构想的思维导图；进行初步研究；在情境地图法讨论会议前一段时间给参与者布置家庭工作，以便提高他们对与讨论主题相关的信息的敏感度。

（2）进行阶段：用视频或音频记录整个会议过程；让用户参与一些练习，也可以运用一些激发材料与参与者进行对话；向用户提出诸如"你对此（产品）的感受是什么"和"它（产品）对你的意义是什么"之类的问题；在情境地图法讨论会议结束后及时记录项目团队自身的感受。

（3）分析阶段：在情境地图法讨论会议之后，分析得出的结果，为产品设计寻找可能的模式和方向。为此，项目团队可以从记录中引用一些用户的表述，并将其转化成设计语言。一般情况下，项目团队需要将参与者的表述转化、归纳为具有丰富的视觉表达元素的情境地图，以便分析。

（4）交流阶段：与项目团队中其他未参与情境地图法讨论会议的成员，以及项目中的其他利益相关者交流所获得的成果。成果的交流十分必要，因为它对产品设计流程中的各个阶段（如点子生成、概念发展、产品进一步发展等）都有帮助。即使是在情境地图法讨论会议结束数周以后，参与者在看到运用他们的知识获得的成果时，也会深受启发。

4.4.5　文化探析法

文化探析法是一种极富启发性的设计方法，它能根据目标用户自行记录的材料来了解用户。研究者向用户提供一个包含各种分析工具的工具包，帮助用户记录其在日常生活中对产品的使用体验。

1．何时使用此方法

文化探析法适用于设计项目概念生成阶段之前，因为此时依然有极大的空间可以寻找新的设计可能性。探析工具能帮助设计师潜入难以直接观察的使用环境，并捕捉目标用户真实"可触"的生活场景。这些探析工具犹如太空探测器，从陌生的空间收集资料。由于所收集到的资料无法预料，因此设计师在此过程中能始终充满好奇心。在使用文化探析法时，设计师必须具备这样的心态：感受用户自身记录文件带来的惊喜与启发。因为设计师是从用户的文化情境中寻找新的见解的，所以该方法被称为文化探析法。运用该方法所得的结果有助于设计师保持开放的思想，从用户记录的信息中找到灵感。

2．如何使用此方法

文化探析法可以从设计团队内部的创意会议开始，确定对目标用户的研究内容。文化探析工具包包括多种工具，如日记本、明信片、声音/图像记录设备等任何好玩且能鼓励用户用视觉方式表达他们的故事和使用经历的道具。研究者通常向几名到30名用户提供该工具包。该工具包中的说明和提示已经表明了设计师的意图，因此设计师并不需要直接与用户接触。

3．文化探析法的主要流程

（1）在设计团队内组织一次创意会议，讨论并制定研究目标。

（2）设计、制作探析工具。

（3）寻找一个目标用户，测试探析工具并及时调整设计。

（4）将文化探析工具包发送至选定的目标用户手中，并清楚地解释设计的期望。该工具包将直接由目标用户独立使用，设计师与目标用户并无直接接触，因此所有的工作和资料都必须有启发性且能吸引目标用户。

4．文化探析法的局限性

由于设计师与目标用户在此过程中没有直接接触，因此文化探析法将很难得到对目标用户深层次的理解。例如，探析结果能反映某人日常梳洗的体验过程，但并不能让设计师获得该用户的体验，也不能说明其价值与独特性。

文化探析法不适用于寻找某一特定问题的答案。文化探析法需要整个设计团队保持开放的思想，否则，将难以理解所得结果，有些团队成员也可能对所得结果并不满意。

使用文化探析法要注意如图 4-17 所示的几点。

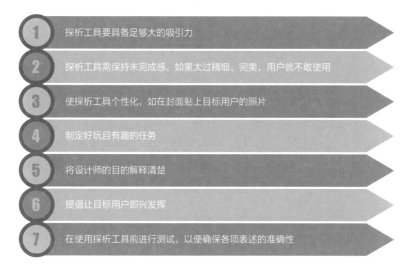

1　探析工具要具备足够大的吸引力

2　探析工具需保持未完成感，如果太过精细、完美，用户就不敢使用

3　使探析工具个性化，如在封面贴上目标用户的照片

4　制定好玩且有趣的任务

5　将设计师的目的解释清楚

6　提倡让目标用户即兴发挥

7　在使用探析工具前进行测试，以便确保各项表述的准确性

◎ 图 4-17　使用文化探析法的 7 个注意点

4.4.6　群众外包法

"群众外包"这个概念结合了"群众"和"外包"这两个词语。杰夫·豪伊于 2006 年在 *Wired* 杂志上发表的《群众外包的崛起》一文中提出了这个概念。

群众外包法是一种随机挑选一些自愿参与公开征集活动的参与者，并使其完成微型任务的研究方法。

经验丰富的研究者都知道，在规划研究中调整必要的工具、参与者和资源需要一定的精力、时间和金钱，而正确制定远程用户评价任务和试验也会格外费心。这时，运用群众外包法就可以在短期内从真实的群众当中搜集大量的数据。

充分利用了"弱关系的力量"的群众外包法，把分散的用户和测试者（都是群众当中的一员）聚集起来，并提出可能的问题解决方案的评估模型。分配给参与者的微型任务根据参与者要求的内容和难度而定。微型任务是指一个短期任务（无论是定性的还是定量的），可以通过共同的平台获取，由参与者在短短几秒钟或几分钟内完成。在任务完成后，参与者可以得到某种奖励，可以是物质奖励（如小额金钱奖励），也可以是非物质奖励（如荣誉等）。

与大多数研究方法一样，如果自上而下地搜集和分析数据，那么运用群众外包法就可以获得事半功倍的效果。规划群众外包评估的微型任务时要考虑的 3 点如图 4-18 所示。

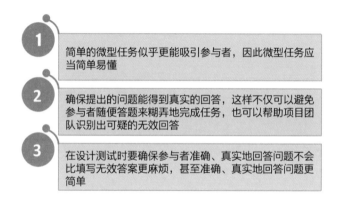

① 简单的微型任务似乎更能吸引参与者，因此微型任务应当简单易懂

② 确保提出的问题能得到真实的回答，这样不仅可以避免参与者随便答题来糊弄地完成任务，也可以帮助项目团队识别出可疑的无效回答

③ 在设计测试时要确保参与者准确、真实地回答问题不会比填写无效答案更麻烦，甚至准确、真实地回答问题更简单

◎ 图 4-18　规划群众外包评估的微型任务时要考虑的 3 点

如果项目团队的利益相关者注重考虑量化数据，并且要求使用大量相关统计样本准确分析以用户为中心的研究，就可以考虑将群众外包法作为一个切入点，来发现其他的以用户为中心的研究方法。建立一个全球的群众外包网络有利有弊。

（1）群众外包法可以帮助设计师更加方便地搜集和分析数据，这样得到的结果代表了更加多样化的观点。

（2）参与者的人口类别和特点是不明确的，而且设计师对他们的专业能力和意图也不了解。因此，最好尽量避免这些会带来损失的弊端，多方面考虑研究结果，确保其可靠性。

例如，青蛙设计运用群众外包法，邀请世界各地的人们把他们认为最能代表流行趋势的图片提交到 Frogmob 网站，为设计师提供素材，以便激发他们的灵感（见图 4-19）。所有这些图片都真实地叙述了人们在自己的环境中如何生活、如何以视觉方式体现不同的概念、如何在日常生活中赋予物体新的意义。

◎ 图 4-19　青蛙设计对群众外包法的运用

SWOT 分析法：SWOT 是 Strengths（优势）、Weaknesses（劣势）、Opportunities（机会）和 Threats（威胁）4 个单词的首字母缩写；通常在创新流程的早期运用；能帮助设计师系统地分析企业的业务在市场中的战略地位并依此制订战略性的营销计划。

4.4.7　SWOT 分析法

SWOT 分析法能帮助设计师系统地分析企业的业务在市场中的战略地位并依此制订战略性的营销计划。营销计划的重要作用就是为企业新产品的研发确定方向。

SWOT 分析法通常在创新流程的早期运用。分析所得结果可以用于生成（综合推理）搜寻领域。该方法的初衷在于帮助企业在商业环境中找到自身定位，并在此基础上做出决策。SWOT 是 Strengths（优势）、Weaknesses（劣势）、Opportunities（机会）和 Threats（威胁）4 个单词的首字母缩写。前两者代表企业内部因素，后两者代表企业外部因素。这些因素皆与企业所处的商业环境息息相关。外部分析（OT）的目的在于了解企业及其竞争对手在市场中的相对位置，从而帮企业进一步理解其内部分析（SW）。SWOT 分析法所得结果为一组信息表格（SWOT 表格），用于生成产品创新流程中所需的搜寻领域（见图 4-20）。

1.　如何使用此方法

从 SWOT 表格的结构上不难看出，此方法具有简单快捷的特点。然而，SWOT 分析法的质量取决于设计师对诸多不同因素是否有深刻的理解，因此设计师十分有必要与一个具有多学科交叉背景的团队合作。在进行外部分析时，设计师可以依据诸如趋势分析（与不同时期表格中同类指标的历史数据进行比较，从而确定执行状况、经营状况、现金流量及产品竞争力等方面的变化趋势和变化规律的一种分析方法）之类的分析方法提出相关问题。外部分析所得结果能帮助设计师全面了解当前市场、用户、竞争对手、竞品，分析企业在市场中的机会及潜在的威胁。在进行内部分析时，设计师需要了解企业在当前商业背景下的优势与劣势，以及相对竞争对手而言存在的优势与不足。内部分析的结果可以全面反映企业的优势与劣势，并且能帮设计师找到符合企业核心竞争力的创新类型，从而提高企业在市场中取得成功的概率。

◎ 图 4-20　SWOT 分析法示例

2．SWOT 分析法的主要流程

（1）确定商业竞争环境的范围。问一问自己：我们的企业属于什么行业？

（2）进行外部分析。设计师可以通过回答如图 4-21 所示的问题进行外部分析。

（3）列出企业的优势和劣势清单，并对照竞争对手逐条评估。设计师应将精力主要集中在企业自身的竞争优势及核心竞争力上，不要太过于关注自身的劣势，因为设计师要寻找的是市场机会而不

卡片分类法：研究用户如何理解和组织信息，从而规划和设计产品信息架构的方法。

是市场阻力。在确定设计目标后，设计师也许会发现企业的劣势可能会形成制约该项目的瓶颈，此时则需要投入大量精力来解决这方面的问题。

1　当前市场环境中最重要的趋势是什么

2　人们的需求是什么

3　人们对当前产品有什么不满

4　什么是当下最流行的社会文化和经济趋势

5　竞争对手在做什么、计划做什么

6　结合供应商、经销商及学术机构的分析来看，整个产业链的发展有什么趋势

◎ 图4-21　外部分析可以用到的问题

（4）将SWOT分析法所得结果条理清晰地总结在SWOT表格中，并与团队成员及其他利益相关者交流SWOT分析法所得结果。

4.4.8　卡片分类法

卡片分类法是研究用户如何理解和组织信息，从而规划和设计产品信息架构的方法，通常应用在设计导航、菜单等方面。

卡片分类法是一种参与性的设计方法，无论是设计数字界面还是设计目录，都可以运用这种方法探究参与者如何分类、如何理解不同概念之间的联系。主持人将上面印有项目的概念、术语或功能的卡片分发给参与者，并让他们按照不同的方式把卡片分类。进行卡片分类

最常见的原因之一是要找出容易被误解的术语，因为有些术语不是概念模糊，就是具有多重意义。

卡片分类法可以产生不同的导航、菜单和分类标准模式，因此可以帮项目团队获得多种信息组织方式。项目团队可以运用这种方法设计不同的框架，让用户更容易找到所需的信息。

卡片分类法也可以用于评估类别，发现难以归类及不重要的类别。这种方法可以验证项目团队的产品类别是否真实反映了用户的心理，是否用用户最容易理解的文字描述产品，并帮助用户完成自己的目标。

图 4-22 所示的做法有助于顺利完成卡片分类过程。

1　选择的主持人需要熟悉活动内容，选择的参与者是目标用户，并且关心这方面的信息

2　安排多组个人或多个小组（每组不超过5人）反复进行试验

3　限制参与者的人数。经过15次之后，卡片分类得出的结果趋势不再明显

4　使用30～100张卡片，每50张卡片的用时大约为30分钟

5　准备空白的卡片和笔，允许参与者添加需要的内容

6　如果在10次卡片分类之后还没有得出一致的模式，就可以考虑重新命名卡片或者重新安排类别

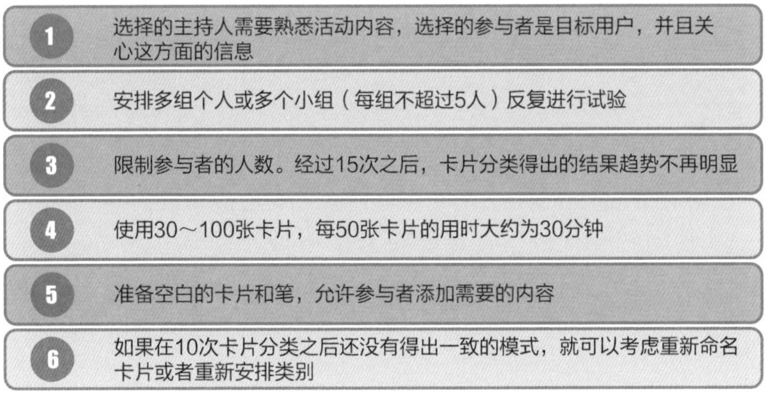

◎ 图 4-22　有助于顺利完成卡片分类过程的 6 种做法

项目团队也许需要用户对项目团队的产品有所反应，以便实现项目团队的业务目标。但是，如果用户无法找到或无法理解项目团队提供的信息，他们就不太可能会有所行动。卡片分类法可以帮助项目团队了解用户如何在现实场景中理解项目团队的"内行消息"或者"专业看法"。如果项目团队的产品内容是根据组织内部的意见而定的，这种方法就显得尤其重要。

卡片分类法是一种有效且灵活的方法，有助于了解人们如何组合信息，以及如何理解和描述不同类别的信息。其操作过程并不复杂，关键在于过程。卡片分类有开放式卡片分类和封闭式卡片分类两种。

（1）开放式卡片分类：通常用来了解参与者在自然分类状态下怎样构建分类，以及如何命名这些分类。研究者将所有卡片都发给参与者，要求参与者将这些卡片按自己的方式进行分类，并且在分类完成后对这些分类进行命名（见图4-23）。

◎ 图4-23　开放式卡片分类

（2）封闭式卡片分类：将所有卡片和研究者事先分类好的类别都给参与者，由参与者把卡片按自己的方式分到特定的类别中（见图4-24）。

◎ 图4-24　封闭式卡片分类

观察法：观察者根据一定的研究目的、研究提纲或观察表，用自己的感官和辅助工具直接观察被观察者，从而获得资料的一种方法。

4.4.9　观察法

观察与模仿是人与生俱来的能力，如幼儿会观察大人做的事、说的话并模仿。

1．观察法的定义

观察法是指观察者根据一定的研究目的、研究提纲或观察表，用自己的感官和辅助工具直接观察被观察者，从而获得资料的一种方法。观察法具有目的性、计划性、系统性、可重复性等特点。

2．观察法的 4 个维度

观察法的 4 个维度如图 4-25 所示。

◎ 图 4-25　观察法的 4 个维度

（1）布景。观察者最好能够到产品的真实使用场景中去进行观察和比较，但当想研究单一变量的影响时，可以请被观察者到人为布置的场景中。自然布景更容易激发被观察者做出自然的行为。人为布景便于观察者控制实验条件。

（2）结构。结构是指在进行观察以前就预先设计出的框架，观察者按照这个框架进行观察，并将数据录入预定的表格等文件中。

（3）公开性。被观察者是否意识到自己被观察，有时候会对观察结果产生影响。

（4）参与水平。在许多观察中，观察者需要介入事件才能观察事件的完整情况，这称为参与性观察。

3．如何进行观察

（1）明确研究目的。在选定观察法后，观察者需要明确研究目的。

（2）观察的准备。将观察具体化和指标化，这个过程叫作制订观察计划。观察计划包括被观察者描述、观察地点、采用的方式和可能需要的设备及器材、观察的次数、需要搜集的内容。

（3）观察取样的因素。除了对被观察者进行明确的范围限定、全面取样，一些其他的因素也是需要预先考虑的。取样的多少往往取决于研究目的。研究的因素越多，变量越多，想要得到较为全面而客观的观察内容，就需要增加观察次数。

（4）观察法的 POEMS 框架（见图 4-26）。

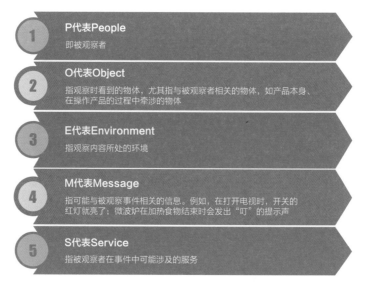

◎ 图 4-26　观察法的 POEMS 框架

（5）观察后的整理与分析。在观察完成后，观察者需要对结果进行分析，这样才能将结果转化成有效的数据。

4. 观察法的优缺点

观察法的优点和缺点如图 4-27 和图 4-28 所示。

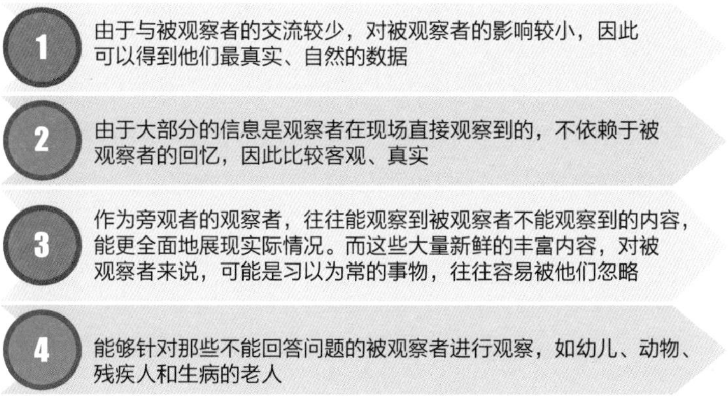

1. 由于与被观察者的交流较少，对被观察者的影响较小，因此可以得到他们最真实、自然的数据

2. 由于大部分的信息是观察者在现场直接观察到的，不依赖于被观察者的回忆，因此比较客观、真实

3. 作为旁观者的观察者，往往能观察到被观察者不能观察到的内容，能更全面地展现实际情况。而这些大量新鲜的丰富内容，对被观察者来说，可能是习以为常的事物，往往容易被他们忽略

4. 能够针对那些不能回答问题的被观察者进行观察，如幼儿、动物、残疾人和生病的老人

◎ 图 4-27　观察法的优点

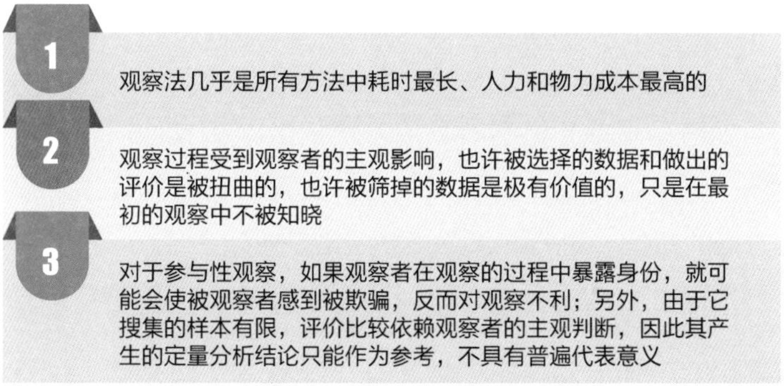

1. 观察法几乎是所有方法中耗时最长、人力和物力成本最高的

2. 观察过程受到观察者的主观影响，也许被选择的数据和做出的评价是被扭曲的，也许被筛掉的数据是极有价值的，只是在最初的观察中不被知晓

3. 对于参与性观察，如果观察者在观察的过程中暴露身份，就可能会使被观察者感到被欺骗，反而对观察不利；另外，由于它搜集的样本有限，评价比较依赖观察者的主观判断，因此其产生的定量分析结论只能作为参考，不具有普遍代表意义

◎ 图 4-28　观察法的缺点

数量对比分析法：定量研究
中最常用的、基础的分析方法。
数量之间的关系主要包括大小比
较关系、趋势变化关系、占比关
系、相关性关系等。

4.4.10　数量对比分析法

1.　数量对比分析法的定义

数量对比分析法是定量研究中最常用的、基础的分析方法。数量
之间的关系主要包括大小比较关系、趋势变化关系、占比关系、相关
性关系等，因此数量对比分析也可以从这几种数量关系分析来入手。

2.　为什么要做数量对比分析

我们在通过各种调研获取到各种资料后，还需要通过定性、定量
的研究分析方法从中提取有意义的结论，帮助设计师从不同角度全面
了解用户的需求，为后面的用户体验设计提供强有力的支持。

3.　数量对比分析法的工具

（1）表格：由单元格组成，用于显示数字和其他项，以便快速引
用和分析。表格主要用于直观展示各种调研分析数据，通过表格行、
列及单元格的对比，进行相关数据的比较分析。

（2）图表：以图形化方式进行文字表述，直观地表示各种工作报
表中的数据的一种形式。图表通常是在表格数据的基础上创建的，随
着表格数据的变化而变化，方便用户查看数据的差异和预测趋势。

饼状图将圆分成若干扇形，以扇形的角度和面积来表示数据，可
以呈现整体和部分的关系。饼状图的视觉效果明显，但能展示的数据
项有限，无法精确比较。饼状图示例如图 4-29 所示。

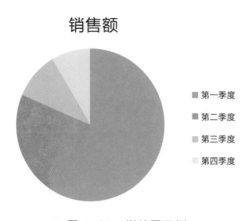

销售额

■ 第一季度
■ 第二季度
■ 第三季度
■ 第四季度

◎ 图 4-29　饼状图示例

柱状图通常表达的是时序关系，横轴通常是与视觉相关的变量，纵轴是数值变量。柱状图包括直方图（用于统计次数）、分组长条图（用于组内数值的比较）、瀑布图（表现数个特定数值之间的数量变化关系）等。柱状图示例如图 4-30 所示。

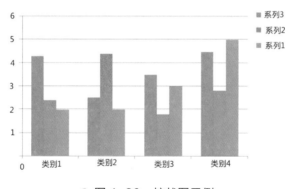

◎ 图 4-30　柱状图示例

条形图即横条图，采用自左至右水平方向的形式呈现，以矩形长条表示数值大小，所呈现的是各项目的比较关系，横轴是数值变量，纵轴是类别变量。条形图示例如图 4-31 所示。

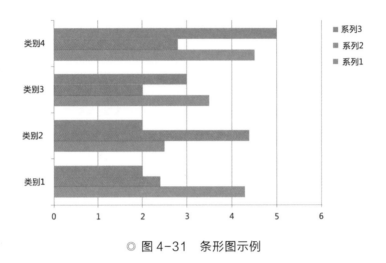

◎ 图 4-31　条形图示例

　　折线图是由线条与数据标记构成的图表类型，以表现数据的整体样貌特征为主，适用于处理连续性数据的变化关系，可容纳无限多的数据，但也最容易造成干扰。当数据较少且需要强调数据点或者线条改变方向不明显，要清楚标示内容时，可以使用点折线图。多重折线图是将数个一般折线图都放置于相同的坐标轴中形成的，有利于对各数据进行整体比较，通常用于对同级数据的比较。折线图示例如图 4-32 所示。

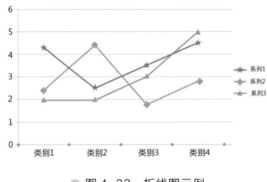

◎ 图 4-32　折线图示例

散点图由两个数值变量组合而成，目的是呈现两个变量之间的关联性，主要探讨两个变量之间是否存在正相关、负相关、不相关这 3 种关系。散点图示例如图 4-33 所示。

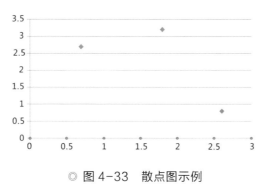

◎ 图 4-33　散点图示例

面积图是以区域的方式呈现的图表类型，可被看成将折线下方填充颜色，为了增加数值分量的折线图。面积图示例如图 4-34 所示。

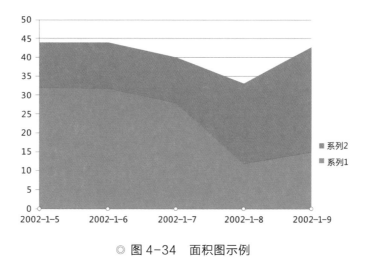

◎ 图 4-34　面积图示例

气泡图由 3 个数值变量组成，第一个数值变量（X）和第二个数值变量（Y）共同决定数据点的位置，第三个数值变量以面积不同的气泡方式呈现。由于人眼对面积判断不准确，气泡大小影响对数据位置的预估，造成互相干扰，因此气泡图只适用于数据量少且数据较离散的情况。气泡图示例如图 4-35 所示。

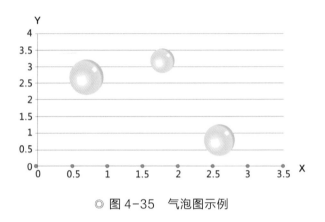

◎ 图 4-35　气泡图示例

4．数量对比分析

（1）大小关系：同一数据在不同时间点的大小关系；不同数据在同一时间点的大小关系；不同数据在同一领域中的大小关系。一般选用表格或者图表来展示数据的大小关系。

（2）趋势变化关系：主要强调在指定时间段中数据的整体变化走势，而非单纯比较相邻数据的大小关系，通常折线图比其他图表和表格都具有更好的说明性。折线图能清晰地展示数据之间的上升趋势、下降趋势、波动趋势和保持水平不变的趋势关系。

（3）占比关系：在一个总体中各部分的数量所占的比例情况。一般来说，饼状图在进行占比关系的数量对比分析中应用最为广泛，但由于饼状图能表现的数量有限，因此在饼状图中将各部分以不同的颜色进行区分，以明显表示各部分在整体饼状图中占有的比例。

（4）相关性关系：数据的相关性关系如图 4-36 所示。

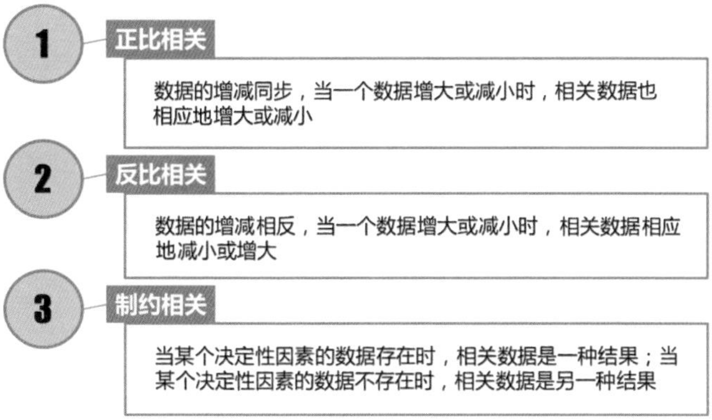

◎ 图 4-36　数据的相关性关系

4.5　设计调研展开的 4 个要点

4.5.1　用户归类，选择典型代表

在进行设计调研时，我们需要做的第一件事就是确定调研对象。我们在进行设计调研时经常会说"向对的人问对的事情"，这句话的意思是，调研不同的用户群体会获得不同的需求。根据调研对象的不同，我们可以将用户分为不同的类型。我们常将系统的用户分为高级管理人员、业务经理、操作人员。对高级管理人员进行访谈，可获得对系统的宏观期望与建设目标；对业务经理进行访谈，可获得管理方式上的目标与建议；对操作人员进行访谈，可获得具体操作时的指导意见。所以针对不同类型的用户，话题中心与调研目标都是不同的。高级管理人员追求的是系统在人员与业务管理上的高效和便捷，确保每个环节都不出错，但这往往会增加操作人员的工作量，影响其工作效率。有时候双方的需求可能会发生冲突，所以调研不同类型的用户正是为了更深入地了解这背后错综复杂的关系，最大化地平衡各方的

利益。用户归类示例如表 4-2 所示。

表 4-2　用户归类示例

用户	产品阶段	话题中心	调研目标
高级管理人员	需求定义初期	问题/期望	探讨系统的目标与范围
业务经理	需求定义初期/中期	业务事件/管理方案	厘清业务脉络/工作流转过程
操作人员	获取需求/解决问题	业务活动/操作流程	获得业务操作过程的信息

4.5.2　设定目标，聚焦问题

用户调研在产品生命周期中的不同阶段有着不同的使命。在产品初期，我们可以根据调研结果获得不同的用户需求，为系统建设提供依据；在产品上线之后，我们可以搜集用户的反馈信息，用于改进功能的业务流程或用户体验。无论项目团队是想获得用户的观点和行为，还是验证假设或者量化结果，都必须在进行调研之前明确调研目标，任何无意义的漫谈或问卷调查都是低效且具有干扰性的。很多人习惯问用户类似"你想要什么功能""你认为这个系统怎么样"这样的问题，殊不知这是把用户往错误方向带的开始。永远不要让用户告诉项目团队系统该怎么做，正确的做法是通过用户对业务的描述及用户的使用习惯对系统进行架构或改进，所以项目团队在调研过程中必须设定要达到的目标，并围绕这个目标展开调研。设定目标和聚焦问题示例如表 4-3 所示。

表 4-3　设定目标和聚焦问题示例

用户	调研目标		计划要点	说明
高级管理人员	探讨系统的目标与范围	1	列举部分主要问题	确定系统的范围/确认已知的问题，探讨潜在的问题，标示关键点
		2	提供相应案例的解决方案	
		3	列举潜在问题	

明确调研方法：针对不同形态的产品、不同的研发阶段、不同的样本量和成本、不同的调研时间要求及调研设备，都有相应的用户调研方法。

续表

用户	调研目标		计划要点	说明
业务经理	厘清业务脉络/工作流转过程	1	列举相关的业务事件列表	确定每个业务事件的流程/流转的数据/相关参与者，明确控制点及审批流程
		2	准备一些业务事件的关键点问题	
		3	搜集审批流程/权限的设定及业务部门边界的信息	
操作人员	获得业务操作过程的信息	1	罗列相关业务活动	应该从基本情况、功能、非功能、设计约束等多个角度设计问题
		2	获取相关业务规划及数据字段信息	
		3	获取相关业务节点和流转过程的信息	

4.5.3 明确调研方法

不是说事先采取了用户调研就一定能成功，同样地，不采取用户调研也不一定就会失败。用户调研是一个过程，并不是结果。用户调研方法有很多，针对不同形态的产品、不同的研发阶段、不同的样本量和成本、不同的调研时间要求及调研设备，都有对应的用户调研方法。有的人自认为自己的产品获得的成功源自自己的灵感，殊不知可能产品团队早就或多或少地开展了一些用户调研工作；有的人觉得用户调研没有作用，或者对用户调研的结果不信任，这很可能是因为没有找到正确的方法。

例如，有的产品还没有开发出来，处于概念设计阶段，如一部手机、一辆汽车，那么这时通过一般的访谈式用户调研的确很难得出要开发一部手机、一辆汽车这样的结果，因为用户在以往的经验中没有类似的概念。这时的用户调研其实是要看用户的期望、日常行为、消费习惯等，从而确定产品的方向和要满足的需求。

当产品有了原型时，用户调研就变成原型测试，设计师通过原型测试来发现设计中的问题，搜集用户的主观感受和操作体验数据，进而及时改进设计，以避免不必要的开发工作，甚至优化整个产品方向。对于有多个设计方向的产品，也可以做原型测试，从而聚焦一个设计方向。

在产品上线后，项目团队就可以采取可用性测试，给参与调研的用户设置一定的操作任务，观察用户在使用过程中出现的问题；还可以开展焦点小组活动，让不同的用户在一起相互讨论，彼此激发使用体验，并发现不同用户出现的共同问题。

针对一些产品，项目团队还可以采取实地调研的方式，即直接到产品的真实使用场景中去观看用户的操作情况。有不少人觉得在产品的真实使用场景中最能发现问题，其实不一定，因为用户对有的产品的使用过程不便于观察，如果有人观察，那么用户反而可能会掩饰一些真实的操作，从而让观察者得不到有用的信息。所以有些互联网产品可能采取程序中"打点"的方式，即通过程序代码记录用户操作的轨迹、频率、时间等信息，以此来判断用户对某个功能的偏好程度或者操作中断情况。

如果项目团队的产品有很重要的竞争对手，那么还可以开展竞品对比测试，给同一个用户设置相同的操作任务，并要求其在不同的产品上完成，以此得出对比结果，发现不同产品之间的差距。

在产品运行一段时间后，项目团队还可以进行满意度调研，即通过在线收集问卷的形式让用户进行打分或者回答开放式问题，来获得用户集中的意见，并作为后续产品迭代的参考。

用户调研的方法还有很多，如使用眼动仪这样的设备等。我们需要明白的是，在产品开发的所有阶段都可以进行用户调研。在时间紧迫的情况下，调研一下周边的同事、亲戚、朋友都是一种可以快速得到改进意见的用户调研。

因为在实际操作中有很多无关变量的影响，所以问题会更为复杂。这就需要将多种研究方法组合使用，以便挖掘用户真正的需求。单就拟定战略时不可或缺的现况分析来说，直接信息和间接信息的平衡分配确实非常重要。但是，在实际的市场营销中，由于较易于搜集间接性信息，因此观点容易产生偏差。

因此，以消费者为对象进行的市场调研，应通过搜集直接信息来促进两种信息的平衡（见图 4-37）。

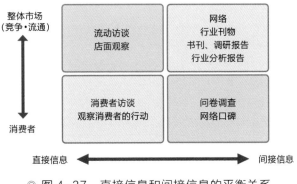

◎ 图 4-37　直接信息和间接信息的平衡关系

4.5.4　安排问题的顺序

在使用问卷调查法或用户观察与访谈法时，问题的顺序应该由业务逻辑决定。想要高效地在访谈中获得最有价值的信息，可以使用问题组的方法，循序渐进地切入受访者的真实想法。具体来说，我们可以使用金字塔结构、漏斗结构和菱形结构来组织问题组。

> 金字塔结构：一种归纳的过程。调研人员会提出非常具体的问题，通常从一个封闭式问题开始，然后使用半开放式问题，并且鼓励调研对象用更通用的回答来对问题进行拓展。

1. 金字塔结构

采用金字塔结构构成问题组，是一种归纳的过程。在使用这种形式时，调研人员会提出非常具体的问题，通常从一个封闭式问题（提供多个选项，与选择题相似）开始，然后使用半开放式问题，并且鼓励调研对象用更通用的回答来对问题进行拓展。如果项目团队认为调研对象还不在状态，需要对这个话题进行预热时，就应该采用金字塔结构。当项目团队想结束问题时，同样也可以使用金字塔结构组织问题的顺序（见图 4-38）。

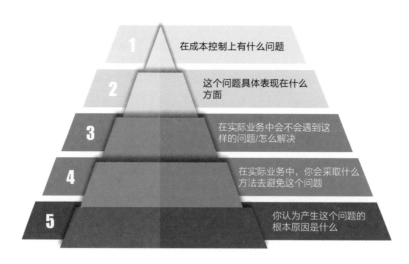

◎ 图 4-38 金字塔结构问题组示例

2. 漏斗结构

漏斗结构实际上是一个演绎过程，也就是我们经常说的把问题逐步聚焦。调研人员通常从一个开放式问题开始，然后用一个封闭式问

漏斗结构：一个演绎过程，把问题逐步聚焦。调研人员通常从一个开放式问题开始，然后用一个封闭式问题缩小可能的回答范围。漏斗结构能够为开场提供一种容易且轻松的途径。

菱形结构：金字塔结构和漏斗结构的组合，调研人员通常从一个非常明确的问题开始，然后过渡到开放式问题，最后根据一个结论进行深入调研。

题缩小可能的回答范围（见图4-39）。漏斗结构能够为开场提供一种容易且轻松的途径，当调研对象对这个话题有情绪波动时，调研人员就要适当控制问题的顺序，并根据调研对象的回答决定问题的深入程度。

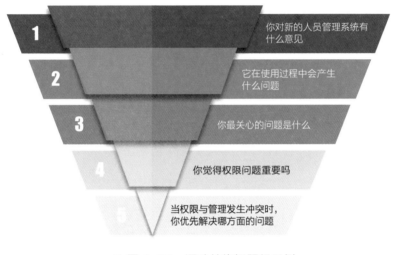

◎ 图4-39 漏斗结构问题组示例

3. 菱形结构

菱形结构实际上是金字塔结构和漏斗结构的组合，调研人员通常从一个非常明确的问题开始，然后过渡到开放式问题，最后根据一个结论进行深入调研（见图4-40）。调研人员首先会提出一些简单的封闭式问题，为调研做铺垫。随着问题的逐步展开，调研人员向调研对象提出明显没有通用答案的问题。根据回答，调研人员再次限制范围，深入调研某个问题，以便得到明确的答复，这样就形成了一组完整的问题。

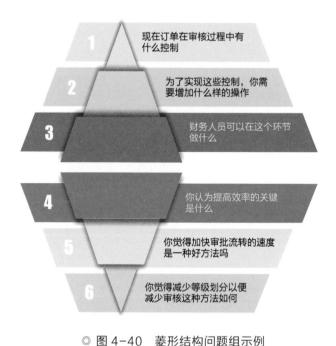

◎ 图 4-40　菱形结构问题组示例

4.6　调研信息的提取与利用

4.6.1　信息的"分""析"

在访谈结束后，企业很容易陷入"因听到许多用户反馈而感到满意"的沾沾自喜中。

实际接触到用户，得到许多意外的意见，听到用户实际使用产品时的情况等信息，确实会让企业感到比较满意。虽然这是很大的收获，但这还远远不够。

不只是访谈，在做完问卷调查和搜集完数据后就没有下一步动作的例子也相当多。不想让调研停在问完话的阶段，最重要的就是保持调研的初衷，紧紧抓住调研目标。简单来说，就是要牢记自策划阶段就明确的目标——为何要进行调研、要解决什么问题。

委托设计调研公司进行调研，可以获得经过详细分析的报告书（需要牢记的是，就算是委外调研，自己分析报告书中的内容也是很重要的事）；而由业务负责人亲自进行调研，就只能依赖于自己的分析结果了。尤其是通过访谈得到的定性信息，它和数据不同，无法通过计算机来进行归纳计算及图表解析，因此很多人对该怎么分析定性信息都不太了解。

可能有很多人认为分析是一项难度系数非常大的工作，唯恐自己的能力不足。然而，空有创造力和想象力并不足以开发出成功的新产品。分析各种调研结果和市场数据的工作虽然麻烦，但对营销人员来说是一项必须做且非常重要的工作。

有人认为这项工作不用讲流程、讲顺序，也能分析出出彩的成果，可是到头来却是像无头苍蝇般摸不着头绪。但其实在大多数情况下，分析工作让人感到很困难，是因为人们不清楚具体的顺序和工作方法。

总而言之，学会顺序与工作方法并一一实行，自行分析并没有想象中那么难。分析调研有效信息的步骤如图4-41所示。

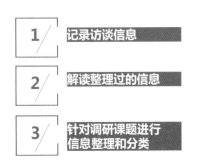

◎ 图4-41　分析调研有效信息的步骤

顾名思义，"分析"的"分"与"析"字，意思就是分开、分类，设计调研分析首先要进行的重要步骤是对信息进行整理和分类。例如，利用访谈法得到的初步结果中掺杂了大量复杂的信息，我们必须先通过分类过滤出确属事实的部分。

想要有效地进行分类工作，我们可以使用很多方法，其中比较常用的是类型学和地形学。

（1）类型学。类型学是指对事物的类型和组群进行研究的方法。一般情况下，我们会使用这种方法来总览某个领域的现有作品。例如，如果项目团队在为一个服装品牌设计标志，就需要对现有设计进行分类，从而了解在该领域中，到底什么样的产品特征才是受消费者欢迎的。

（2）地形学。地形学是以一种细致而系统的方式对项目团队研究的作品外观及作品组成部分之间的关系进行描述的方法。从历史上看，人们经常借助地形学来绘制一个地方的地图，详细地勾勒地球的表面与形状。所以，如果我们是在研究某个特定场所中的作品，这种方法就尤其有效。此外，这种方法还被用于研究历史中的特定时期（如某个 10 年的风格）、人口（流动情况、规模及增长情况）及物品（投放的地点、尺寸及材料的结构）。

4.6.2　步骤 1——制作调研信息记录表

调研信息记录表是详细记录所有受访者的发言内容的表格。例如，在进行个人访谈时，无须采用固定式的格式，采取发言记录的方式，将关键词手写下来或用计算机打出来即可。

但是通过访谈获得的真实意见，信息量相当惊人，10 分钟的访谈可能还好，但聊上 40 分钟甚至超过 1 小时，需记录的信息量就无法预计。就算访谈者十分努力地在访谈中记录重点，也还是不可能全部记住正确无误的信息。另外，人的记忆容易模糊，而且特别容易记得和自己的想法不谋而合的部分。反过来，记忆有时也会过度放大令人感到意外的相反论调。

很多时候营销活动所需的灵感，多半来自访谈中突如其来的意见。因此，想要活用利用访谈法得来的信息，就必须想办法记住受访者的真实意见。基于这个原因，归纳制作出调研信息记录表将是非常好的方式。

在日后想要重新确认详细意见时，如果重看影音记录，就会花费大量时间。调研信息记录表能让人在短时间内一目了然，轻松地找出打动人心的重点。但是，如果花太多时间在制作调研信息记录表上，就本末倒置了。重要的是要视当时的情况，判断该使用哪种方法、该做到什么程度。

1. 信息记录要实事求是

对于所有调研方法，我们在制定战略与做出决策时，都要将基于事实进行分析作为前提。如果事实混淆不清，那么制定出来的战略的走向也将发生偏差，无法实现预期的效用。

在访谈中，受访者的发言内容就是所谓的"事实"。访谈者脑中的记忆或手上的记录虽然很接近事实，但毕竟经过访谈者个人的主观理解与判断，有可能和事实产生距离。在没有解释说明的情况下，极力保留住原质、原貌的真实性"事实"记录是分析工作中不可或缺的重要工作。

这里有个小窍门，在制作报告或策划资料时大量引用用户的真实意见能使人印象深刻，极具说服力。事先制作出调研信息记录表，这样在后期就能轻易找出有用的相关数据了。例如，当分析出产品不符合事前期待的结论时，若能加上节选出来的用户意见，如"买的时候本来是很期待的，试用一下就觉得'怎么会这样啊？！感觉非常不理想！'"则更能真实地传达出用户对产品的反应。

2. 调研信息记录表制作的注意事项

调研信息记录表制作的注意事项如图 4-42 所示。

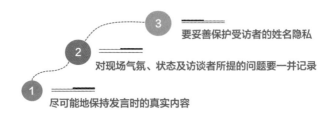

3　要妥善保护受访者的姓名隐私

2　对现场气氛、状态及访谈者所提的问题要一并记录

1　尽可能地保持发言时的真实内容

◎ 图 4-42　调研信息记录表制作的注意事项

（1）尽可能地保持发言时的真实内容。虽然不一定非要逐字逐句地完整记录下来，但不可加以修饰，要尽量保留原来的语言。不过，对于"那个""这个"等不够明确的代名词或语尾助词，当场就要确定和补足，以免事后看不出当初的原意。对于自行补足的部分，可以用不同的写法或特别标记标注，以便日后区别出真正原始的内容和访谈者加以修饰、补正的部分。

（2）对现场气氛、状态及访谈者所提的问题要一并记录。要将"沉默一会儿后开口说""边笑边说""手和身体都随着做出大动作"等词句一并记录下来，以便在日后查看调研信息记录表时能够顺利回想起当时的场面。另外，访谈者在听了意见之后产生的疑惑也非常重要，访谈者必须尽力记录下当时是对什么回答产生的疑问，以便在后续重看时能了解信息产生的来龙去脉。

（3）要妥善保护受访者的姓名隐私。从保护个人资料的角度来看，应避免记录受访者的真实姓名，可用字母代替。采取这种记事不记人的做法较好。即使只供企业内部使用，在原则上也不能写出受访者的真实姓名。

4.6.3　步骤 2——分类整理用户信息

只是制作调研信息记录表是没有办法分析意见中的有用信息的。虽然看信息也能获得诸多启发，但想要从中读取深层意义，还得再多花点功夫。分析，要从信息的分类开始。

对信息进行分类，需要从调研策划书中找出特定的切入点。在制作调研策划书时，必定有一个待辨明的调研主题，这个主题就是正确的切入点。

到底想通过访谈佐证什么呢？也就是说，要依据调研策划书的内容来决定切入点，保持分析时的立场自始至终一致。

进行访谈调研原本就是为了知道某个问题的答案，因此针对各调研主题，思考现实中用户对这个问题的意见，就是对信息进行分类整理。

如果当初的受访者具有多重属性，就必须进一步细致了解属性不同的人的意见有何不同。如果受访者之间的差异很大，或者受访者的人数不多，那么可以将他们的意见判断为每个个体对调研主题的感受与看法。以此为切入点，将调研主题与属性或每个个体之间做交叉比对，就能简单地辨识出属性间的不同。

1. 依照调研主题进行信息分类

首先要整理出针对各调研主题的信息，按照顺序重看调研信息记录表，将符合各调研主题切入点的信息简洁地填写在调研信息记录表中适当的位置。不必记录所有信息，应该稍加筛选，精简出对调研主题具有某种意义的必要信息即可。分类整理访谈信息示例如表 4-4 所示。从表 4-4 中可以看出，在同样购买新产品的人中，长期在买的人（重复购买者）、不再买的人（中断购买者）在购买之前对味道的揣测和在购买之后对味道的评价都各不相同。

表 4-4　分类整理访谈信息示例

调研主题（切入点）	重复购买者	中断购买者
第一次购买的契机	在商场看到	在商场看到
	看了产品广告	看了产品广告
	产品的名字给人吃起来辣辣的感觉	看了产品的外包装，给人很好吃的感觉
对味道的感觉	虽然太辣了，但喜欢辣味的东西，挺好	比想象中辣，不好吃
……	……	……

了解不同属性造成的不同结果，正是得出调研主题解决方案的启发点所在。

2. 注意事项

访谈者在依照前面的方法整理信息时，必须注意如图 4-43 所示的几个事项。

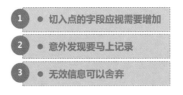

◎ 图 4-43　整理信息的注意事项

（1）切入点的字段应视需要增加。访谈者在整理用户信息时，有时会碰到不符合任何一个现有切入点，但又很重要的意见。调研主题（切入点）原本就是从假设中确立出来的，在实地进行访谈时，访谈者脑海中常常会浮现事前没想到的其他重要观点。由于访谈的目的并不仅限于搜集符合调研主题的信息，因此访谈者不需要犹豫，增加新的切入点即可。

不断出现预料外的切入点，是访谈调研的特点之一。

（2）意外发现要马上记录。在依据切入点整理信息时，访谈者脑海中常常会出现"产品销售业绩不理想的主要原因说不定就是这个""若用 ×× 的方案，说不定效果会不错"等想法。出现这种情况，是因为大量读取用户真实的意见，思维得以拓展。

这种想法经常能发挥很大的作用，访谈者一定要马上记录下来。灵光乍现的想法很容易被忘记，因此千万别依赖记忆力，而应马上记录。

（3）无效信息可以舍弃。访谈者在制作调研信息记录表时，必须将现场的发言内容小心、仔细地记录下来，但到了分类整理阶段，就该有所取舍了。对调研主题来说没有必要价值的信息，不妨将之舍弃。如果难以判断某些信息是否有必要价值，就不必花时间犹豫，将这类定位模糊的信息放入"其他"栏中即可。

3. 手写/计算机处理

分类整理信息，有的适合采用手写方式，有的则适合用计算机进行处理。纸本容易携带，观看时一目了然，因此大多数情况下仍以手写为主。但当访谈者想要抓住脑中的点子时，不妨选择用速度较快的计算机进行处理。

（1）适合纸本手写的工作。在手写时，访谈者可以将 A4 纸的纵向设置为"属性"栏、横向设置为"调研主题"栏，接着将调研信息记录表中的相应内容逐条填写进去。这时，访谈者不需要想得太深入，先写进去再说。

其实使用 Word 或 Excel 也可以，或许速度会更快。但就经验来说，计算机作业不容易带动思维，从阅读信息的过程中获得灵感和启发的机会也相对较少，这或许是计算机软件操作的一个劣势。无论是替换内容还是随手记录一些重点内容，计算机作业的自由度都略逊于手写作业。

（2）使用思维导图设计软件进行整理。在使用计算机进行作业时，访谈者可以使用思维导图设计软件来整理信息或构想。这类软件的使用方法是先决定大主题，再决定构成整个主题的大项目，最后添加符合要素的枝叶。这和在纸上"决定切入点、划分类别、填入各种符合要素"几乎完全相同。

手写、计算机作业各有其独特的优点，手写可以自由地书写要点，只要有纸和调研信息记录表，就可以顺利进行。计算机作业的优点是可以回溯更改记录、复制或粘贴记录等，图表式的档案能让人一目了然，使用 Word 或 Power Point 等软件制作数据文件效率更高。

4.6.4　步骤 3——解读信息

1. 内容分析

内容分析是一种分析调研结果的方法，在分析问卷与调研结果时尤其有效，因为这种方法探讨的是如何根据共同特征将答案进行分类。通过计算一些特定词汇出现的频率，项目团队就可以找出分类或者分级的主题。此外，因为这种方法可以从答案中刨除个人的意见和偏好，所以最终的数据的可靠性和一致性更高。图 4-44 展示了沟通交流的过程。

◎ 图 4-44　沟通交流的过程

在使用这种方法时，项目团队首先应该明确内容可以被划分成哪些部分，再明确自己研究的重点。在这个阶段，项目团队需要确保自己考虑了分类的所有可能性，因为项目团队可能需要在后续阶段对自己的调研结果进行细化，并对数据进行进一步的细分。将数据划分成容易控制的类别，可以使量化处理答案更为简单。

这种方法也可被用于计算元素出现的次数。例如，在针对广告宣传项目进行研究时，项目团队可能希望确定男性或女性对象出现的频率、文字量或者用色方案的数量。为此，项目团队应该首先明确一个样本，无论是通过随机的方式，还是从与该领域相关的一个确定区间中搜集。接着，项目团队应该谨慎地选择自己寻求的元素（项目团队可能希望让类别更加广泛，如将红色作为一个类别，或者可能希望对类别进行进一步细分）。在此基础上，项目团队就可以计算每种元素出现的频率。

2. 整理调研结果

最后一步就是要把整理好的调研结果写下来。在委托外部的专业市场调研公司时，则最后进入制作给客户用的报告书阶段。

只要能整理出马上就能使用并且将来一看就知道调研目标的调研结果，就算大功告成了。

需要注意的是，由于分析过程中可能增加了不少切入点，因此最后一定要特别对照调研策划书中一开始想知道的事给出明确的答案才行。此外，项目团队还要依序将各调研主题的调研结果编列上去，注意用词要简洁易懂，并详细注记如此判断的原因。

接着，项目团队要想想从访谈中获得的信息，并得出最终结果。在分析各调研主题后，以这些调研主题为依据，反过来看最后的答案对于开始设定的调研目标有何意义，就可以透彻地理解给出的最终结果。例如，开始是以"该从哪个方向去提高业绩"为调研目标的，那么调研结果导出的最终结果就会是"促进消费者购买意愿的要素有××"。而支持这个最终结果的正是各调研主题的调研结果。

至此，简易版的调研报告书已经完成。就掌握消费者现状的意义来说，这样就已经具有足够的利用价值了。但别忘了，调研是为了导向下一步的动作，调研结果必须被应用在战略拟定中。

4.6.5　提取有用信息的关键手法

1. 理所当然的信息不能轻视

首先，理所当然的信息不能轻视。在调研中一定会出现许多原先就已经知道的且被认为是理所当然的信息，如在清洗油烟机时弄过滤网很麻烦，在针对这类产品进行访谈时一定会有消费者抱怨这个问题。对制造商来说，吸油烟这个最根本的性能问题才是他们最关心的，而关于清洗问题的意见虽然也在他们关心的范围内，但不是最重要的关注点。但是，同样的意见反复出现却总被忽视，就未免太神经大条了。

近年来，市面上陆续出现了多个品牌的易清洗油烟机，笔者相信这正是制造商采纳了长年来被忽视的意见并对产品进行改良后推出的顺应消费者心意的产品。

2. 重视≠照单全收

重视≠照单全收，这听起来似乎与记录访谈信息要注重信息的真实度是矛盾的，但这恰恰是分析时最需注意的一点——认真倾听消费者的心声，但不代表照单全收。

不能把听取意见当成言听计从，如果全面按照消费者的意见开发产品，就可能会做出不伦不类的产品。因为消费者并不了解市场的整体情况，仅限于个人经验，对于未亲历的那些层面，评价会比较表面化，并没有确实的依据。项目团队要有选择性地采纳消费者的意见。当有消费者认为将产品做成橘黄色比红色好看时，项目团队不能误以为橘黄色的消费者接受度较高，而是要去探究是什么样的人由于什么原因觉得橘黄色比较好看或者红色不好看。

消费者的意见仅是一种启发性的素材。能否搜集完全、加以整理，并衍生出全新的产品构想，取决于项目团队的能力。

3. 综合

惠普公司的前任总裁兼首席执行官卡莉·菲奥里纳曾说："目标就是将数据转化为信息，再将信息转化为真知灼见。"

每个项目都会涉及大量信息，项目团队需要从这些信息中挑选出最有用的，并将剩余的信息剔除，这个过程就是综合的过程。通过这种方式来缩小调研结果的范围，有助于让项目团队专注于既定的方向。综合可以被应用于调研过程中的任何环节。项目团队在项目进程中所做的每个选择，都可能把项目团队带到一个广阔的调研阶段，在这个阶段之后，项目团队就需要缩小自己关注的范围了。

为了有效地进行综合，项目团队一定要参考项目，并在此基础上确定调研是否有助于项目团队针对项目做出回应。项目团队还应该考虑自己的作品是否能够满足目标受众的要求——在这个方面，可用性测试与焦点小组的方法就可以大显身手了。还有很多其他因素需要考虑，如成本及相关技术的可及性与可用性。所有这些因素都有助于项目团队整合自己的调研结果，并最终完成一个具有逻辑性的解决方案。

在为一个客户工作时，项目团队可用的时间和资源可能都非常有限，所以项目团队需要专注于最有潜力的调研方法。为了明确什么样的调研方法才是最有潜力的，项目团队需要放宽眼界，但是在每个路口都需要做出抉择，即判断到底哪一条路才是最佳选择。

4. 反思

对任何设计师来说，反思都很重要。如果项目团队不对自己已经完成的工作进行反思，就无法从中学到东西，推动项目向前进行。花费时间来反思自己的项目成果，对于理解成果，并且以适当的方式做出回应是非常重要的。调研不仅仅是一个寻找事实的过程，真正的调研实际上需要对各种方法进行比较，确定利用哪种方法才能得出最为宝贵的信息，以及项目团队是否能够借助某种方法挖掘自己成功所需要的信息。

为了判断项目团队所开展的调研活动是否正确，项目团队可以将不同的流程或者调研进行比较。调查问卷的答案是否和通过其他调研方法获得的信息一致？如果不一致，项目团队就应该反思造成这种结果的原因是什么（可能是项目团队提出的问题是错误的，也可能是项目团队发现了一些其他人没有发现的崭新的东西）。

如果想要最大限度地利用调研结果，项目团队就要反思自己所得到的调研结果到底意味着什么，这一点至关重要。如果 80% 的调研对象都说相较于红色，他们更喜欢蓝色，那么是因为选项的呈现方式有问题，还是因为受到了其他因素的影响呢？项目团队可能需要进行更为深入的挖掘，提出更多的问题，才能真正理解自己的调研结果。

在某个项目收官时，项目团队有必要反思到底哪些方面进展顺利，而又有哪些方面是自己在未来会采取不同方式处理的。这个反思的过程并不简单，因为这涉及审视自己的长处与短处。但是，如果可以做到开诚布公，那么项目团队的事业可能会因此而更上一层楼。对成功进行反思相对比较简单，但是明确自己在哪些方面需要成长则更为有用，它有助于项目团队实现更为伟大的目标。

图 4-45 为塞尔塞·罗德里格斯为 UNIQLO（优衣库）设计的 T 恤衫图案。罗德里格斯就他如何在这次的设计过程中及其他项目中采用反思的方式做出阐述："当我完成某个项目时，通常会有一个新项目在等着我。这时，我比较倾向于先将已经完成的项目放在一边，然后在几天或者几个星期之后重温这个项目，并分析最终的成品是如何诞生的、其背后的原因是什么，以及在设计的过程中我受到了哪些影响与启迪。我会翻阅在实现最终成品之前所画的所有设计草稿，

◎ 图 4-45　塞尔塞·罗德里格斯为 UNIQLO 设计的 T 恤衫图案

并回顾所有的理念和在这个过程中出现的所有转折。"

5. 回应

如何对自己的调研进行回应，决定了项目进展的轨迹。正如我们所看到的，综合及反思的方法能够帮助项目团队确定什么信息才是最有用的。但是，如何对自己的调研结果进行回应，会受到项目团队对设计了解程度的影响。

以包装色彩调研为例，受众测试可能会显示大多数受众更喜欢某个包装是红色的，但是在综合考虑几种设计元素之后，项目团队可能会确定红色并不合适。接受测试的受众可能并不是正确的。有些时候，项目团队需要质疑他们的预期，这样才能给他们惊喜。因此，项目团

队对于视觉语言的了解，从这个层面上讲，是至关重要的。

最后，项目团队可以将对调研结果的反馈转化为提案，并据此找到项目的最佳解决方案，将其提交给自己的客户。在完成解决方案之后，项目团队需要在受众身上进行测试——在这个阶段，项目团队将会知道自己对于调研结果的反馈是否正确。

4.6.6 深化

无论做什么项目，项目团队都需要不断地追求最佳结果，但是无法指望将调研结果简单地融合在一起，就能产生一个令人满意的解决方案。解决方案的产生需要一步一步地深化，需要不断地改善，这样各元素才能聚合为一个浑然天成的整体。

深化理念的方法是多种多样的，选用哪种方法通常取决于项目团队所进行的调研。一般来说，针对一个项目的解决方案没有所谓的对错之分，但是如果想法本身基于的是深入的调研，整个深化过程也受到调研结果的启迪，那么这个想法成功的可能性很大。

在进一步进行调研与测试之后就可以确定应该从哪些角度出发进行深化，也可以确定有哪些进一步推进的可能性。在找到解决方案之后，项目团队要对其进行检验，并反思检验的结果，看看到底哪些元素是可以被进一步深化的。例如，随着项目的不断发展，本书中所讨论的所有调研方法，如焦点小组、受众测试等，都可以被使用，它们能保证项目按照既定的轨迹发展。如果认真对待深化过程，项目团队就可以证实自己的理念，找到那些能够得益于进一步调研的方面。通过认真而仔细地深化自己的理念——从最初的想法一直到最终的执行贯彻，项目团队一定能找到成功的解决方案。

第 5 章

分析问题并厘清用户需求

对设计师来说，需求分析是最基本的工作，也是最重要的工作。能进行需求分析是设计师不可或缺的能力之一。关于需求分析的方法，不管是 Kano 模型还是马斯洛需求理论，都是基于理论的需求思考框架和分析方法。如何把握、分析需求？这需要我们在真实的产品环境中"细辨、深问、多掂量"。

5.1 识别用户需求

5.1.1 什么是用户需求

所谓需求，笔者认为是指在特定的场景中，特定的用户面对的可以成功解决的问题。而用户需求就是用户从自身角度提出的需求，往往是用户在使用某一产品的过程中遇到的问题，并从自己的经验和想法中提出的自己对产品功能的期望和解决方案。

例如，在晚上睡觉前，某人感觉特别饿，他可以打开手机点外卖，在大约 30 分钟后就可以饱餐一顿，当他吃饱喝足后，他的需求就解决了。再如，中秋佳节独在异乡，某人触景生情，回忆起小时候

用户需求：用户从自身角度提出的需求，往往是用户在使用某一产品的过程中遇到的问题，并从自己的经验和想法中提出的自己对产品功能的期望和解决方案。

需求分析：从用户提出的需求开始，挖掘出用户内心真正的目标，并将其转化成产品需求（解决方案/产品功能）的过程。

的美好时光，希望回到快乐的童年，但是目前无论什么科技都无法让他回到童年，因此这只是一个长期待解决的问题，而不是一个需求。

因此，笔者定义需求的基本结构为用户 + 场景 + 问题 + 可解决。需求不是独立存在的，它是与用户和场景一起存在的，且一定是可以解决的。

5.1.2 需求分析

需求分析即从用户提出的需求开始，挖掘出用户内心真正的目标，并将其转化成产品需求（解决方案/产品功能）的过程。

需求分析的重点在于：确认用户问题，并找到解决路径。仍以在晚上睡觉前饿肚子的某人为例，他希望可以解决果腹之欲，舒舒服服地睡觉。只发现问题，没有解决问题等于"无"，他还要找到解决路径，如点外卖，或者去超市买食物。如此，才是一个完整的需求分析。

5.1.3 杜绝伪需求

在工作中，我们经常遇到以伪需求之名堂而皇之地拒绝需求的情况。先不论需求是否被接受，仅是以真伪对需求进行区分就已经站错了方向。正如阿基诺所说的"世界上本没有绝对的垃圾，只有放错位置的资源"一样，在产品的世界中，没有绝对的真伪需求，只有未被识别的问题或未被发现的"痛点"。

把一些需求归类为伪需求，往往是因为如图5-1所示的3个原因。

1　用户没有说清楚

2　用户说清楚了，但用户需求研究人员不明白

3　用户只是在提出一个解决方案而非一个需求

◎ 图 5-1　归类伪需求的 3 个原因

需求分析是基于用户、场景，层层发现需求本源的过程。只有准确地识别需求，才能挖掘出用户的本质目标，为后续的产品设计提供合理的方案。

5.2　挖掘需求

用户需求是用户基于自身角度提出的需求，是表层的需求。一般情况下，用户在提出需求时总会自觉或不自觉地对需求进行加工，并构建基于他们理想或期望的产品功能指向。在功能指向的背后，暗藏着一个个潜在的用户动机，这才是用户真正希望解决的问题。

当项目团队拿到这些构建于不同需求方自身经验之上的用户需求时，不能直接开始考虑"怎么做"，而必须先弄清楚"为什么要做"，以便了解用户真正的动机。只有弄清楚"为什么要做"，才能进一步思考"怎么做"，否则在不明确需求的前提下谈解决方案，就是在浪费资源。

要弄清楚"为什么要做"，就需要思考内在的目标，并以此拆解需求。

需求的构成包括用户、场景、问题、路径 4 个方面。下面从这 4 个方面，围绕用户的本质目标进行详细拆解，以便挖掘需求的更多动机。

1．用户

谁提出了这个需求？这个需求满足的是不是我们的目标用户？这类用户有什么特征？是重度用户还是一般用户？

需求的来源众多，但提出需求的人并不一定是目标用户。任何产品都是有目标用户的，我们要根据产品服务的对象，确定核心目标用户。例如，通过复贷订单数，我们可以初步判断一个用户是否是我们的核心目标用户；通过复贷额度，我们可以判断该用户大概的信用层级等。

2．场景

用户的使用场景是怎样的？这个场景是否高频出现？这个场景是否和我们目前的场景相契合？

场景包括时间、地点、人物、事件等。场景不同，用户的目的就可能不同。场景越真实，用户的需求就越真实。

场景的高频说明需求大概率是高频的，自然就决定了项目团队的产品设计。

3．问题

在当前场景中，用户遇到了什么问题？问题的本质是什么？对于问题，我们需要多听、多看、多体验，听取用户真实的反馈，观察用户真实的操作，了解用户在当前场景中的真实使用感受，从而发现表层以下的本质的问题。

4. 路径

为了解决用户的问题，我们需要提供哪些解决方案？用户当前的解决方案是什么？基于用户提出的问题，用户当前的解决方案是如何做的？对比用户当前的解决方案，我们提供的解决方案是否优化了用户体验、是否解决了用户的问题？我们需要梳理出用户的基本操作流程和功能页面。

5.3　思考需求

每个产品都可以被视作一个小的系统。系统由元素、元素间的关联和目标构成。我们在收集需求时，会更多地关注元素，经常会忘记元素间的关联和整个产品的目标，即"一叶障目，不见泰山"。

如果针对用户的反馈，给出了完善的解决方法，那么基于该方法的功能在上线之后会不会影响其他功能？会不会引发其他连锁反应？

苹果公司一向被视作设计的标杆。然而其一款鼠标的充电口却在鼠标下方，导致充电时无法正常使用。当然，有些人认为苹果公司是为了追求极致的美观，但是，牺牲用户体验的美观是否是最优选择？

如今，互联网产品中的分工越来越细致，一款 App 会按照功能模块进行拆解和分工，每个功能点都有专门的人负责。细致分工的好处是，每个功能点的体验都可以做到极致，然而如果没有一个产品整体负责人进行整体把控，是否一定能保证"1+1>2"？一个真正优秀的产品，必然会有一个操盘的产品经理，他能决定某个功能点更新的方向、与其他功能点如何兼容和联动。他负责顶层设计，在这样的框架下，各功能模块的负责人各司其职，这样才能保证产品的体验和目标的唯一性。

思考需求要掌握如下两个要点。

1. 放下高傲，培养同理心

很多时候，设计师有一种执念，认为自己的设计是最完美的，用户反而是需要被教育的。这样的心态，不仅在新手设计师身上可以看到，在一些拥有丰富从业经验的设计师身上也能看到。

在看到用户吐槽或者差评时，设计师不要气馁、不要悲伤，更不能气急败坏。这是在做产品分析时的大忌，一旦先入为主，就不可能真正听进用户的需求。

马化腾说切换成"傻瓜模式"，就是从普通用户的角度去思考设计师设计的产品。这就需要设计师积极培养同理心与共情的能力。用户可能会遇到无数烦心的事情，而产品的糟糕体验只会加速用户的逃离。

2. 观察用户做了什么而非说了什么

有时用户会说谎，如美国一家知名电视台进行过一次用户调研，由于正遇上美国大选，调研对象都说自己最关心的话题是政治和大选，但是调研对象阅读次数最多的是关于某位明星的八卦新闻。

市场调研方法中的焦点小组方法中有一个单面镜环节，通过单面镜，调研人员可以观察调研对象的真实行为和表情。

如今，App 中都有丰富的埋点，可以记录用户的行为数据。这些

> 用户价值：需求解决了用户的什么问题，给用户带来了什么好处，满足了用户的什么期望。

行为数据是用户表达真实喜好的重要宝库，项目团队与其花费很多时间去进行用户访谈，不如多花一点时间做好细致的行为数据分析。

例如，多芬（Dove）希望推出针对中国女性的品牌营销活动。他们与百度合作，分析了用户在搜索"多芬"时，一般还会同时搜索哪些关键词。数据分析结果显示，与"多芬"关联最多的词是与年龄相关的词，如"多芬适合多大的人用""多芬适合 30 岁的人用吗"。基于这样的用户洞察，多芬发起了"hold 住 25 岁"的营销活动，明确定位自己用户的年龄层次。

5.4　筛选需求

5.4.1　考量价值

一个需求（产品）的价值包括用户价值与商业价值。

1. 用户价值

用户价值即需求解决了用户的什么问题，给用户带来了什么好处，满足了用户的什么期望。参考俞军老师对用户价值的评估：用户价值 =（新体验−旧体验）−换用成本。我们很容易发现为什么 WPS 做了很多细节的创新，其市场占有率却一直不及 Office。过高的迁移成本使得有些新产品尽管带来了新的体验，却无法占领用户的心智，无法替代已有的产品。

用户价值的评估需要基于需求的广度、频率、迫切度，即需求覆盖的用户量是否够大、需求的发生频率是否够高、需求是否足够迫切。在其他条件不变的情况下，用户量越大、发生频率越高，需求的用户价值就越大。因此，我们要优先关注并满足用户量大、发生频率高的需求。

2．商业价值

商业价值即在满足用户需求后能否带来产品用户黏性的提高、用户的活跃和市场份额的增加，并给企业带来利益。俞军老师同样对产品的商业价值做出了评估：商业价值 = 用户意愿支付的价格−产品的成本。

如此，我们便可以理解为什么大部分 O2O 平台无法成功，因为获客成本过高，一切的繁荣都是平台补贴带来的虚假泡沫。商业价值是基于用户价值而产生的，需求的价值以用户为中心，只有解决了用户的问题，才能实现用户价值，而只有实现了用户价值，才能给企业带来更多的商业价值。

因此，市场的竞争归根结底是用户的竞争，只有做好用户价值，才能带来反哺性的商业价值。但是，只考虑用户价值也是行不通的，如果只做对用户有用而无商业价值的需求，那么企业也无法长久生存。

在用户价值与商业价值中找到平衡，在为用户解决问题的同时给企业创造持续的商业价值，才是需求分析的更高境界。

> 评估功能的重要性：对功能或需求进行评估，根据挖掘出的用户需求本质和找到的解决方案，进行优先级筛选和相关性评估，找到最终的落地路径。

5.4.2　成本与可行性

产品的商业价值取决于用户意愿支付的价格与产品成本的差值，而用户价值产生了商业价值，因此用户需求的最终落地实现，决定了我们需要关注需求的实现成本，还需要考虑需求的可行性。

需求的实现成本受人力、时间、资源、运营等因素的影响，体现为开发、运营、市场、沟通等成本。需求的可行性是指在技术上、经济上、业务流程上能实现这个需求的可能性。如果一个需求的开发难度较大、见效却缓慢，或者低频且小众，那么即使我们克服了技术问题，打通了业务链条，实现了该需求，最后也是对企业资源的极大浪费。

5.4.3　评估功能的重要性

评估功能的重要性就是对功能或需求进行评估，根据挖掘出的用户需求本质和找到的解决方案，进行优先级筛选和相关性评估，找到最终的落地路径。

评估可以被看成一次次在需求中的"劈砍"。在每个阶段的需求分析中，项目团队都会面对一大堆需求，而最有效的管理机制就是学会"劈砍"需求，大道至简，做产品/需求并不是靠数量叠加，而是要找出产品在不同阶段中的核心需求。正确筛选需求需要考虑的 3 个问题如图 5-2 所示。

判断产品的核心价值是否贴合，即是否满足了用户的核心价值

 判断需求关联性是否整合，即是否将不同的具有关联性的需求整合为一体

 判断需求优先级是否契合，即需求优先级的排列是否同需求当前的价值大小一致

◎ 图 5-2　正确筛选需求需要考虑的 3 个问题

如果一个需求无法满足用户的核心价值，又与核心需求的关联性较低，那么在资源有限的条件下，它应先被删去。

古有明训"上医治国，中医治人，下医治病"，放到需求分析当中，笔者认为上层需求做人性、中层需求做产品、下层需求做功能。需求说到底是对人性的理解和分析，只要我们可以持续地辨别其形、问询本质，并做出关键的评估，就可以做好需求分析。

第6章

创造性设计思维

创造性思维是一种"有创建的思维过程"，它既表现为产生完整的新发现、新发明的思维过程，又表现为在思考的方法和技巧、某些局部的结论及原则上具有新奇和独到之处的思维活动。

6.1 创造性思维的特征

创造性活动是创造性思维产生的基础，同时，创造性思维所产生的新思想和新观念能对创造性活动的进行起指导作用。创造性思维的6个特征如图6-1所示。

◎ 图6-1 创造性思维的6个特征

创造性思维是一种"有创建的思维过程"，它既表现为产生完整的新发现、新发明的思维过程，又表现为在思考的方法和技巧、某些局部的结论及原则上具有新奇和独到之处的思维活动。

1. 求异性

人类在认识事物的过程中特别关注客观事物间的不同性和特殊性，特别关注现象与本质、形式与内容之间的不一致性。这种心理状态常表现为对常见现象和已有权威结论的怀疑和批判，而不是盲从和轻信；而在设计中常表现为勇于挑战固有、传统观念，敢于对所谓的成熟设计、经典设计、成功设计进行重新审视、否定和突破，提出全新的概念。

2. 想象丰富

想象是人类探索自然、认识自然的重要思维形式，可以说，没有想象就不会有创造。爱因斯坦曾说过："解决一个问题，也许仅仅是一个数学或实验上的技能而已，而提出新的问题、新的可能，从新的角度看旧的问题却需要创新性的想象力，而且标志着科学的真正进步。"锯子、雷达、飞机等若干人造物的发明均来自人们对类似小草、蝙蝠、蜻蜓等自然界物质的观察和想象。

3. 观察敏锐

创造性思维需要人们用敏锐的洞察力去观察和接触客观事实，并不断地将事实与已知的知识联系起来思考，科学地把握事物之间的相似性、重复性及特异性并加以比较，为后来的发明创造提供真实可靠的依据。因此，设计师要特别留心意外现象，通过对意外现象的分析，进一步探索创造活动的新线索，促使创造活动早日成功。日本著名设计师原研哉曾经发表过这样的看法："设计不是一项技能，而是捕捉事物本质的感觉能力和洞察能力，设计师要时刻保持对社会的敏感度，顺应时代的变化。"设计师不仅要注重观察，还要善于模拟，即把潜在的、新的产品模仿出来。通过观察用户的行为，发现用户有什么困难、有什么潜在的机会去发生改变，发现灵感，并将灵感变成产品，最终让用户使用。在用户使用产品的过程中，设计师进一步观察，发现问题、触发灵感、改造概念。这样做出来的产品会更好、更接近用户的需求。

4．灵感活跃

灵感是一种突发性的心理现象，是在其他心理因素协调活动中涌现出的最佳心理状态。处于灵感状态中的创造性思维，表现为人们的注意力高度集中、想象活跃、思维特别敏锐和情绪异常激昂。灵感是创造性思维的重要一环，也是发明创造成功的关键一环。爱因斯坦对创造性思维有着如下描述："我相信直觉和灵感，常常不知原因地确认自己是正确的。想象比知识更重要，因为知识是有限的，而想象则能涵盖整个世界。"灵感的产生过程如图 6-2 所示。

图 6-3 为爱因斯坦描述的灵感产生的过程。

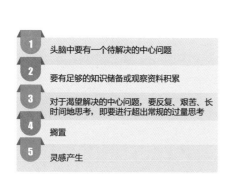

◎ 图 6-2　灵感产生的过程

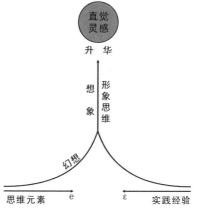

◎ 图 6-3　爱因斯坦描述的灵感
产生的过程

5. 表述新颖

新颖的表述是由创造性思维的本质决定的，它反过来可以更好地反映创造性思维的内容，从而增强新观点、新设想、新方案、新规则的说服力和感染力。设计师经常通过讲故事的方式，激发设计团队的创意，并能说服企业高层去开发创新性的产品。

6. 潜在性

潜在性是一种不自觉的、没有进入意识领域内的思维特性，它与一般思维的不同之处往往被人忽略。其实，潜在性思维往往在解决许多复杂问题中起着极为重要的作用。实践证明，只有在一定松弛的环境中，创造性思维才容易贯通。因此，娱乐与消遣常常是灵感的源泉。

6.2　设计思维的类型

设计思维的 7 种类型如图 6-4 所示。

◎ 图 6-4　设计思维的 7 种类型

6.2.1　形象思维

在整个设计活动中，形象思维是贯穿始终的。我们平日对周围环境的感觉，都源于以前生活经验的积累。所谓形象思维，是指用直观形象和表象解决问题的思维。形象指客观事物本身所具有的本质与现象，是内容与形式的统一。形象有自然形象和艺术形象之别，自然形象指自然界中已经存在的物质形象，而艺术形象则是经过人的思维创作和加工而出现的新形象。形象思维是人类的基本思维形式之一，它客观地存在于人的整个思维活动过程之中。

形象思维用表象来进行分析、综合、抽象与概括。其特点：以直观的知觉形象、记忆的表象为载体来进行思维加工、变换、组合或表达。形象思维在认识过程中始终伴随着形象，具有联系逻辑思维和创造性思维的作用，是和动作思维与逻辑思维不同的一种相对独立的特殊思维形式。它包括概括形象思维、图式形象思维、实验形象思维和动作形象思维。

形象思维是科学发现的基础。科学研究的"三部曲"——观察、思考、实验，没有一步是离开形象的。不管是科学家的理论思维还是科学实验，都是从形象思维开始的。他首先必须对研究客体进行形象的设置，并将各种设置的可能性加以比较和储存，然后在识别和选择中决定取舍。

形象思维的进程是按照本质化的方向发展获得形象的，而艺术思维中形象思维的进程既按照本质化的方向发展，又按照个性化的方向发展，二者交融形成新的形象，这里的形象思维具有共性和个性的双重性。艺术思维中形象思维的表象动力较为复杂，它不是简单地观察事物和再现事物，而是将所观察到的事物经过选择、思考、整理、重新组合，形成新的内容，即具有理性意念的新意象。

如图 6-5 所示的树叶灯罩设计分别来自首尔德寿宫石墙上的银杏叶、巴黎战神广场的悬铃木树叶和纽约中央公园的榆树叶的形状，采

逻辑思维是以概念、判断、推理等形式解决问题的思维，又称抽象思维、主观思维。其特点是把通过直观观察得到的东西进行抽象和概括，形成概念、定理、原理等，使人的认识由感性到理性。

用环保纸张制作而成。开灯之后，半透明效果非常美丽，从灯罩内透出的自然之光让人赏心悦目。

◎ 图6-5　树叶灯罩

6.2.2　逻辑思维

任何设计师在动手设计之前都会对设计产品有个概念，这个概念可能是产品的历史、功能、市场需求等一系列的相关信息。这时，设计师需要运用抽象思维对所要设计的产品进行分析、比较、抽象和全面的概括，以便作为设计时的参考，而这就需要设计师拥有十分卓越的逻辑思维能力。

逻辑思维是以概念、判断、推理等形式解决问题的思维，又称抽象思维、主观思维。其特点是把通过直观观察得到的东西进行抽象和概括，形成概念、定理、原理等，使人的认识由感性到理性。逻辑思维是依据逻辑形式进行的思维活动，是人们在感性认识（感觉、知觉和表象）的基础上，运用概念、命题、推理、分析、综合等形式对客观世界做出反应的过程，因此它是一种理性的思维过程。提起逻辑思维，人们往往认为只是和形象思维相关，实际上，逻辑思维的分析、推论对设计的创意能否获得成功起到关键作用。通过逻辑思维中常用的归纳和演绎、分析和综合等方法，艺术设计可以得到理性的指导，从而使创意具有独特的视角。

总之，逻辑思维在设计创新中对发现问题、直接创新、筛选设想、评价成果、推广应用等环节都有积极的作用。

如图 6-6 所示，这款设计巧妙的树枝形吊灯包括多个可以拆卸和携带的吊灯。各灯泡单元都具有坚固的防水结构，可以在户外使用，甚至可以在淋浴时使用。这些单独的"水滴"采用扁平底座，可以单独保持在任何表面上。它们可以作为环境光源，或被用于夜间照明，甚至可作为苗圃灯。用户可以使用底座上的开关或通过应用程序控制灯的开关，甚至可以控制灯泡的亮度。灯光还可以识别语音命令，允许用户通过 Alexa 控制它们。

◎ 图 6-6　模块化智能灯 Drop Light

6.2.3　发散思维

发散思维是一种跳跃式思维、非逻辑思维，是指人们在进行创造活动或解决问题的过程中，围绕一个问题，从已有的信息出发，从多角度、多层次去思考、探索，获得众多的解题设想、方案的思维过程。

> 发散思维过程是一个开放的不断发展的过程，它广泛动用信息库中的信息，产生众多的信息组合。在发散思维过程中，一些念头、奇想、灵感、顿悟会不时地涌现出来，而这些可能成为新的设计起点和契机，把思维引向新的方向、对象和内容。因此，发散思维是多向的、立体的和开放的思维。

发散思维亦称求异思维或辐射思维、扩散思维、立体思维、横向思维或多向思维等，是创造性思维的一种主要形式，由美国心理学家吉尔福特提出。它不受现有知识或传统观念的局限，是从不同方向多角度、多层次去思考和探索的思维形式。发散思维在提出设想的阶段有着重要作用。

发散思维过程是一个开放的不断发展的过程，它广泛动用信息库中的信息，产生众多的信息组合。在发散思维过程中，一些念头、奇想、灵感、顿悟会不时地涌现出来，而这些可能成为新的设计起点和契机，把思维引向新的方向、对象和内容。因此，发散思维是多向的、立体的和开放的思维。

求异思维是一种发散思维，即开阔思路，不依常规，寻求变异，从多方面思考问题，探求解决问题的多种可能性。其特点是突破已知的范围，进行多样性的思考，从多方面进行思考，将各方面的知识加以综合运用，并能够举一反三、触类旁通。

如图 6-7 所示，该产品的设计灵感来自设计师频繁地搬家的经历。廉价的平面家具易坏且不能适应任何场所，而频繁地搬迁对高品质家具的投入来说显然十分不经济。桌脚的形态和设计令其具备极强的功能性和适应性，设计简单、巧妙，任何人都可以轻松操作。把桌板平放于地面上，嵌入桌脚，用附送的扳手压紧卡扣，在各桌脚都装好后把桌子翻过来即完成操作。优雅而美丽的天然材料令其组成的任何一件家具都独具魅力。

◎ 图 6-7　万能桌脚 Tabl

6.2.4　联想思维

很多时候，设计的创意都来自人们的联想思维。联想思维是将某
一对象和自己已掌握的知识相联系、相类比，根据两个设计物之间的
相关性，获得新的创造性构想的一种设计思维形式。联想越多、越丰
富，获得创造性突破的可能性就越大。联想思维有因果联想、相似联
想、对比联想、推理联想等诸多表现形式。例如，鸟能飞翔，而人的两
个手臂无法代替翅膀实现飞翔的愿望，因为鸟的翅膀的拱弧翼上空气
流速快，拱弧翼下空气流速慢，翅膀的上下压差产生了升力，据此，
设计师产生联想，改进了机翼，并
提高运动速度，从而设计出飞机。

设计中很多由联想产生的创
意，在很多时候是师法自然的结果。
物有其形，是因为在长期的生存进
化过程中，自然赋予了它与其相适
应的形。如图 6-8 所示，悉尼歌剧

◎ 图 6-8　悉尼歌剧院

院的造型"形若洁白蚌壳，宛如出海风帆"，它的设计灵感来自切开的橘子瓣。这座世界公认的艺术杰作，用它特别的外形引领我们的想象驰骋、飞翔。

6.2.5　收敛思维

收敛思维又称集中思维、求同思维或定向思维。它是以某一思考对象为中心，从不同角度、不同方面将思路指向该对象，寻求解决问题的最佳答案的思维形式。在设想或设计的实施阶段，这种思维常占据主导地位。

一切创造性的思维活动都离不开发散思维和收敛思维这两种思维，做任何一项设计都是发散思维和收敛思维交替进行的过程。在构思阶段，以发散思维为主，而在制作阶段则以收敛思维为主。只有高度发散、高度集中，二者反复交替进行，才能更好地进行设计。作为辩证精神体现的现代思维方式，把发散思维和收敛思维有机地结合起来，在同中求异，在异中求同，从共性和个性的相互统一中把握设计对象。发散思维和收敛思维的结合能够使寻求创造的思维活动在不同的方法中相得益彰。

如图6-9所示，捷豹XKX概念跑车旨在将性能和能效提升到一个新的水平。受到几十年前e型车的启发，概念设计的主要挑战之一是避免与当今许多肌肉车（包括捷豹车型）相似的笨重，而是要和黄金时代的车子模型（见图6-10）一样，重新创建一个薄薄的、优雅的轮廓，并仍然能充分展示所有蕴藏的力量和技术进步。

> 大脑在长期、自觉的逻辑思维积累下，逐渐将逻辑思维的成果转化为潜意识的不自觉的形象思维，并使其与大脑内储存的信息在不知不觉的状态下相互作用、相互联系，从而产生灵感。

◎ 图 6-9　捷豹 XKX 概念跑车　　◎ 图 6-10　黄金时代的车子模型

6.2.6　灵感思维

灵感思维是人们借助于直觉，得到突如其来的领悟或解的思维形式。它以逻辑思维为基础，以思维系统的开放、不断接受和转化信息为条件。大脑在长期、自觉的逻辑思维积累下，逐渐将逻辑思维的成果转化为潜意识的不自觉的形象思维，并使其与大脑内储存的信息在不知不觉的状态下相互作用、相互联系，从而产生灵感。

灵感思维就像它的名称一样抽象，令人难以捉摸。随着科学的发展，人们逐渐从生理学、心理学意义上搞清楚了这些长期困扰人们的问题。灵感就是人们在文学、艺术、科学、技术等活动中产生的富有创造性的思路或创造性成果，是将形象思维扩展到潜意识的产物。它要求人们对某种事态具有持续性高度的注意力，高度的注意力来自对研究对象的高度热忱的积极态度。思维的灵感常驻于潜意识之中，待酝酿成熟，便涌现为显意识。

某一研究的成果或思路的出现，有一个较长的孕育过程。灵感是显意识和潜意识相互作用的产物，显意识和潜意识是人脑对客观世界反应的不同层次。显意识是由人体直接地接收各部位的信息并驱使肢体有所表现的意识。灵感思维具有跃迁性、超然性、突发性、随机性、模糊性和独创性等特点。灵感是思维中奇特的突变和跃迁，是思维过程中最难得、最宝贵的一种思维形式。因此，灵感思维也叫顿悟思维，即人在思维活动中，未经渐进的、精细的逻辑推理，在思考问题的过程中突然打通思路，使问题迎刃而解，它是人的思维最活跃、情绪最激奋的一种状态。

在现代设计领域，灵感思维往往被看成人们的思维定向、艺术修养、思维水平、气质性格及生活阅历等各种因素综合的产物。灵感思维是一种高级的思维方式，是人类设计活动中的一种复杂的思维现象，是发明的开端、发现的向导、创造的契机。

如图 6-11 所示，这一系列手工制作的玻璃艺术品犹如天使的羽毛，轻盈透亮而又带有丝丝的色彩，非常漂亮。

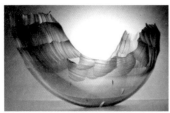

◎ 图 6-11　宛若羽毛的玻璃艺术品

6.2.7　直觉思维

直觉思维是思维主体在向未知领域探索中，直觉地观察和领悟事物的本质与规律的非逻辑思维方法。我们可以从两个方面理解直觉：

一方面，直觉是"智慧视力"，是"思维的洞察力"；另一方面，直觉是"思维的感觉"，人们通过它能直接领悟到思维对象的本质和规律。

直觉思维与逻辑思维的不同点在于：逻辑思维具有自觉性、过程性、必然性、间接性和有序性，而直觉思维具有自发性、瞬时性、随机性和自主性。直觉思维可以创造性地发现新问题，提出新概念、新思想、新理论，是创造性思维的主要形式。

随着人们对产品形象要求的提高，人们对产品的直觉思维开始趋于全方位的要求。除了视觉，触觉、听觉甚至嗅觉方面的感受也得到了越来越多的重视，人们对材料的质地、肌理、色彩，产品中的声音效果和噪声隔绝，以及产品对环境的影响等方面有了更高的要求。

因此，直觉思维在对人们视觉、触觉、听觉、嗅觉的感知形成方面起到更加重要的作用。

如图 6-12 所示，这款名为 Enso 的落地灯调整光源角度的方式很特别。它的圆圈灯罩内安装了磁铁，用户可以手动将光源移动到磁环上的任何角度，由此产生的阴影和光束的动态变化，为落地灯添加了灵动的味道。设计师试图通过这种手动改变光源方向的形式，强化与用户的互动关系。

◎ 图 6-12　可自由调整光源角度的落地灯 Enso

头脑风暴法是一种激发参与者产生大量创意的特别方法；可用于设计过程中的每个阶段，在确立了设计问题和设计要求之后的概念创意阶段最为适用。

6.3　5种经典的创新思维设计方法

创新思维最大的敌人是思维惯性。世界观、生活环境和知识背景都会影响人们对事、对物的态度和思维方式，不过最重要的影响因素是过去的经验。生活中有很多经验，它们会时刻影响人们的思维。

积极思维是创新的前提，历史上绝大多数重大发明创造都是积极思维的产物。积极思维需要科学的方法才能提高创新的质量和效率。古往今来，人们在创新实践中发明了许多积极思维方法，并由此产生了一大批创新成果。5种经典的创新思维设计方法如图6-13所示。

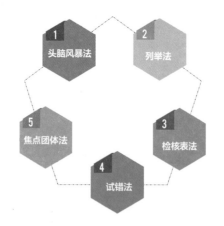

◎ 图6-13　5种经典的创新思维设计方法

6.3.1　头脑风暴法

头脑风暴法是一种激发参与者产生大量创意的特别方法。在进行头脑风暴的过程中，参与者必须遵守活动规则与程序。头脑风暴法是众多创造性思考方法中的一种，该方法的假设前提为数量成就质量。

1. 何时使用此方法

头脑风暴法可用于设计过程中的每个阶段，在确立了设计问题和设计要求之后的概念创意阶段最为适用。在头脑风暴法的执行过程中，有一个至关重要的原则，即不要过早否定任何创意。因此，在进行头脑风暴时，参与者可以暂时忽略设计要求的限制。当然，我们也可针对某个特定的设计要求进行一次头脑风暴，如可以针对"如何使我们的产品更节能"进行一次头脑风暴。

2. 如何使用此方法

一次头脑风暴的参与人数以 4～15 人为宜。头脑风暴法的 4 个原则如图 6-14 所示。

◎ 图 6-14　头脑风暴法的 4 个原则

（1）延迟评判。在进行头脑风暴时，每位参与者都尽量不考虑实用性、重要性、可行性等诸如此类的因素，尽量不要对不同的想法提出异议或批评。该原则可以确保最后能产出大量不可预计的新创意，也能确保每位参与者都不会觉得自己受到侵犯或者觉得自己的建议受到了过度的束缚。

（2）鼓励"随心所欲"。参与者可以提出任何能想到的想法，内容越广越好。主持人必须营造一个让参与者感到舒心与安全的氛围。

（3）"1+1=3"。主持人要鼓励参与者对其他参与者提出的想法进行补充与改进，尽量以其他参与者的想法为基础，提出更好的想法。

（4）追求数量。头脑风暴法的假设前提是数量成就质量。由于参与者以极快的节奏抛出大量的想法，因此参与者很少有机会挑剔他人的想法。

3．主要流程

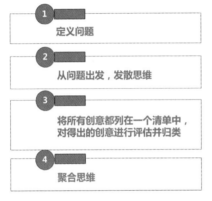

◎ 图 6-15 头脑风暴法的主要流程

头脑风暴法的主要流程如图 6-15 所示。

（1）定义问题。拟写一份问题说明，如所有问句都以"如何"开头。挑选参与者，并为整个活动制作计划流程，其中必须包括时间轴和需要用到的方法。提前召集参与者召开一次会议，解释方法和规则。如果有必要，那么可能需要重新定义问题，并提前让参与者进行热身活动。在头脑风暴正式开始时，主持人要先在白板上写下问题说明及上述 4 个原则。主持人提出一个启发性的问题，并将参与者的反馈写在白板上。

（2）从问题出发，发散思维。一旦产生了许多创意，就需要所有参与者一同选出最具前景或最有意思的想法并进行归类。一般来说，这个选择过程需要借助一些设计标准。

（3）将所有创意都列在一个清单中，对得出的创意进行评估并归类。

（4）聚合思维。选择最令人满意的创意或创意组合，并将其带入下一个设计环节。

缺点列举法就是发现已有事物的缺点，将其一一列举出来，通过分析和选择，确定发明课题，制定革新方案，从而获得发明成果的创新方法。

以上这些流程可以通过"说、写、画"3 个不同的媒介来完成。

4．注意事项

使用头脑风暴法，需注意以下两点。

（1）头脑风暴法最适宜解决那些相对简单且开放的设计问题。对于一些复杂的问题，我们可以针对每个细分问题使用头脑风暴法，但这样做无法完整地看待问题。

（2）头脑风暴法不适宜解决那些对专业知识要求极高的问题。

6.3.2　列举法

1．缺点列举法

缺点列举法就是发现已有事物的缺点，将其一一列举出来，通过分析和选择，确定发明课题，制定革新方案，从而获得发明成果的创新方法。它是改进原有事物的一种发明创新方法。

在生活中，各种不方便、不称心的事物随处可见，尽善尽美的东西是不多见的。即便是长处，在它的背后也会有弱点和不足。只要我们发现使用的物品存在不合理、不习惯、不顺手、不科学的地方，经过认真分析和研究，就能从中选出有益的发明课题。由于这时的课题和改进都有比较明确的目的性，因此会有较高的成功率。例如，麻婆豆腐是驰名中国的川菜中的一个品种。日本人学习中国制作豆腐的技术，从制作到烹调的各个环节进行改进。他们认为麻婆豆腐的花椒放得太多，口味太麻，一般人接受不了，于是把麻味减轻，采用保鲜包装，并将其命名为日本豆腐，出口到多个国家和地区。

运用缺点列举法的关键是先找出生活中感到不便或有缺点的事物，即发现需要，然后通过联想、对其他事物的借鉴、启发，找出解决方法。尽管世上的万事万物都不是十全十美的，都存在着缺点，但是并非每个人都能想到、看到或发现这些缺点。其中的主要原因是人都有一种心理惰性，"备周则意怠，常见则不疑"。对于习以为常的事物，人们常常会认为历来如此，而历来如此的事物总是完美的、没有缺点的，所以就不肯也不愿意再去寻找或挖掘它们的缺点，这样就失去了可能取得发明成果的机会，实际上也就失去了每个人都应该具有的创造力。

缺点列举法的实质是一种否定思维，唯有对事物持否定态度，才能充分挖掘事物的缺陷，并加以改进。因此，运用缺点列举法，必须克服和排除由习惯性思维带来的创造障碍，培养善于对周围事物寻找缺点、追求完美的创新意识。

2. 希望点列举法

希望点列举法是和缺点列举法相对应的创新方法，罗列的是事物目前尚不具备的理想化特征，是研究者追求的目标。希望点列举法不必拘泥于原有事物的基础，甚至可以在无所有的前提下从头开始。从这个意义上说，希望点列举法是一种主动型创新方法，更需要想象力。

从实际操作的角度来看，希望点列举法既适用于对现有事物进行

> 检核表法的基本内容是围绕一定的主题，将有可能涉及的有关方面罗列出来，设计成表格，逐项检查核对，并从中选择重点，深入开发创造性思维。

提高（在这种情况下，希望点列举法是缺点列举法的延伸与发展），又适用于在无现成样板的前提下设计新产品、创建新方法等，而且对后一种情况来说更为有效。

例如，人们希望烧饭能自动控制，于是有人发明了电饭锅；人们希望能随意控制电视节目，于是有人发明了遥控电视机。这种方法是根据发明者的意愿而提出的各种设想。希望点列举法不同于缺点列举法，因为缺点列举法是不离开物体的原型的。例如，人们希望衣物上可以不使用纽扣，因为纽扣不方便穿着，于是有人发明了尼龙搭扣。

6.3.3 检核表法

检核表法是现代创造学的奠基人奥斯本创立的一种创新方法。

检核表法的基本内容是围绕一定的主题，将有可能涉及的有关方面罗列出来，设计成表格，逐项检查和核对，并从中选择重点，深入开发创造性思维。用于罗列有关问题供检查和核对用的表格即为检核表。在研究对象比较简单、需要检查和核对的内容不甚复杂时，也可将其列成检核清单。在日常生活中，人们较多地使用检核清单。

奥斯本提出的检核表法因思路比较清晰、内容比较齐全，在产品开发方面的适用性很强，得到广泛应用。

列表检核是检核表法的主要内容，奥斯本设计的检核表罗列了如图 6-16 所示的 9 个方面的问题。

◎ 图 6-16　奥斯本设计的检核表

利用检核表法改进杯子的设计示例如表 6-1 所示。

表 6-1　利用检核表法改进杯子的设计示例

序号	检核问题	创新思路	创新产品
1	能否改变	颜色变化、形状变化	变色杯——随温度变化而变色
			仿形杯——按个人爱好定制
2	能否转移	用于保健	磁化杯、消毒杯、含微量元素的杯子
3	能否引入	借助电照技术	智能杯——会说话、会给出简单的提示
4	能否改造	加厚、加大	双层杯——可放两种饮料
			安全杯——底部加厚，不易倒
5	能否缩小	微型化、方便化	迷你观赏杯、可折叠便携杯
6	能否替代	材料替代	用钢、铜、石、竹、木、玉、纸、布、骨等材料制作
7	能否更换	调整其尺寸比例、工艺流程	新潮另类杯
8	能否颠倒	倒置不漏水	旅行杯——随身携带不易漏水
9	能否组合	将容量器具、炊具、保鲜等功能进行组合	多功能杯

试错法是设计师根据已有的产品或以往的设计经验提出新产品的工作原理，通过持续地修改和完善，做出样品，如果样品不能满足要求，就返回到方案设计重新开始，直到样品能满足要求，才转入小批量生产和批量生产的方法。

6.3.4　试错法

试错法是设计师根据已有的产品或以往的设计经验提出新产品的工作原理，通过持续地修改和完善，做出样品，如果样品不能满足要求，就返回到方案设计重新开始，直到样品能满足要求，才转入小批量生产和批量生产的方法。如图 6-17 所示，设计师根据经验或已有的产品沿一个方向寻找解，如果扑空，就调整方向，沿着另一个方向寻找，如果还找不到，就再变换方向，如此一直调整方向，直到找到一个满意的解为止。这是最原始的创新方法，也是历史上技术创造的第一种方法。

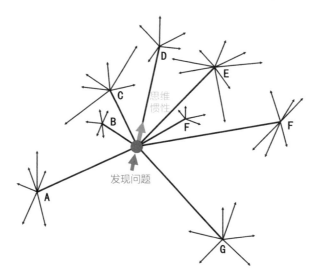

◎ 图 6-17　试错法示意图

由于设计师不知道满意的解所在的位置，在找到该解或较满意的解之前，往往要试错多次。试错的次数取决于设计师的知识水平和经验。所谓创新是少数天才的工作，正是试错法的经验之谈。

对发明创造而言，大多数人采用的都是试错法，只有少数经过艰苦不懈的努力取得成功，这种成功没什么规律可言，也无法传授。

试错法的成果很多，电动机、发电机、电灯、变压器、山地掘进机、离心泵、内燃机、钻井设备、转化器、炼钢平炉、钢筋混凝土、汽车、地铁、飞机、电报、电话、收音机、电影、照相机等的发明都是由试错法带来的。如何来解释这种神速的进步呢？虽然试错法的效率很低，但是这种方法仍然没有失去它承担解决创造性难题的重任的能力（见图 6-18）。

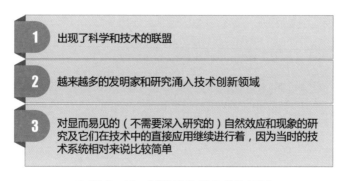

1 出现了科学和技术的联盟

2 越来越多的发明家和研究涌入技术创新领域

3 对显而易见的（不需要深入研究的）自然效应和现象的研究及它们在技术中的直接应用继续进行着，因为当时的技术系统相对来说比较简单

◎ 图 6-18 试错法依然有效的原因

然而，在实际中常常会出现一些棘手的创造性难题，依靠试错法解决它们可能要耗费几十年的时间。这些难题并不都是那么复杂的，但就算是简单的问题，试错法也常常束手无策、无计可施。

试错法的过程很漫长，需要大量的牺牲和浪费许多不成功的样品。它在尝试 10 种、20 种方案时是非常有效的，但在解决复杂任务时，则会浪费大量的时间和精力。随着技术的快速发展，试错法越来越不适应需要。例如，为了筛选出最理想的核反应堆或快速巡洋舰，人们不可能建造几千个来逐一尝试。

焦点团体法是指将一群符合目标用户条件的人聚集起来，通过谈话和讨论的方式来了解他们的心声或看法的方法。这种方法的好处在于效率高，并且很适合用来测试目标用户对产品新形状或视觉设计的直接反应。

6.3.5　焦点团体法

所谓焦点团体法，是指将一群符合目标用户条件的人聚集起来，通过谈话和讨论的方式来了解他们的心声或看法的方法。这种方法的好处在于效率高，并且很适合用来测试目标用户对产品新形状或视觉设计的直接反应。但由于在团体的情况之下，讨论的方向和结论很容易被少数几个勇于表现、善于雄辩的人主导，因此所得结果只适合作为参考，并不适合作为修正设计的依据。

一般来说，通过未经训练的素人焦点团体以共识选择出来的设计方针，通常代表的是一种妥协，并不是有特色的、有效的设计方针。以群体意见来主导设计的方式，在美国被称为 Design by Committee（委员会设计），意指太多人参与决策而最终达成一个平庸的设计决策。有名的谚语如此形容："骆驼是一群人设计出来的马。"也就是说，原本很好的创意和想法，经过一群人讨论和妥协，最后产生的东西往往是平凡无奇的，甚至是四不像的，因此妥协的结果只会降低产品成功的概率。

第7章

设计的展开与深入

7.1　设计的表现手法

7.1.1　形态分析

形态分析旨在运用系统的分析方法激发设计师创作出原理性解决方案（见图7-1）。运用该方法的前提条件是将一个产品的整体功能拆解成多个不同的子功能。

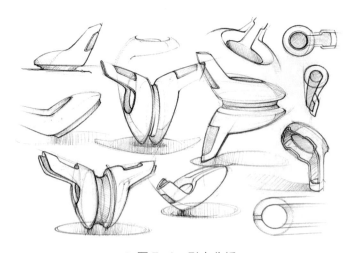

◎ 图7-1　形态分析

1. 何时使用此方法

设计师在概念设计阶段绘制概念草图的过程中，可以考虑使用形态分析。在使用此方法之前，设计师需要对所需设计的产品进行一次功能分析，将整体功能拆解成为多个不同的子功能。许多子功能的解决方案是显而易见的，而有一些则需要设计师去创造。将子功能设为纵坐标，将子功能对应的解决方案设为横坐标，绘制成一张矩阵图。这两个坐标轴也可以被称为参数和元件。功能往往是抽象的，而解决方法是具体的（此时无须定义形状和尺寸）。将该矩阵图中的子功能对应的不同的解决方案强行组合，可以得出大量可能的原理性解决方案。

2. 如何使用此方法

在运用形态分析之前，设计师要先准确定义产品的主要功能，并对将要设计的产品进行一次功能分析，然后用功能和子功能的方式描述该产品。所谓子功能，即能够实现产品整体功能的各种产品特征。例如，一个茶壶包含以下几个不同的子功能：盛茶、倒茶、操作茶壶。功能的表述通常包含一个动词和一个名词。在形态分析中，功能与子功能都是相对独立的，且都不考虑材料特征。分别从每个子功能的所有解决方案中都选出一个解决方案并进行组合，得到一个原理性解决方案。将不同子功能的解决方案进行组合的过程就是设计解决方案的过程。

3. 主要流程

（1）准确表达产品的主要功能。

（2）明确最终解决方案必须具备的所有功能及子功能。

（3）将所有子功能按序排列，并以此为坐标轴绘制一张矩阵图。例如，如果需要设计一辆踏板卡丁车，那么它的子功能为提供动力、停车、控制方向、支撑驾驶人的身体。

（4）针对每个子功能，在矩阵图中依次填入相对应的多种解决方案。这些解决方案可以通过分析类似的现有产品或者创造新的实现原理得出。例如，踏板卡丁车停车可以通过以下多种方式实现：盘式制动、悬臂式制动、轮胎制动、脚踩轮胎、脚踩地、棍子插入地面、降落伞式或其他方式。运用评估策略筛选出有限数量的原理性解决方案。

（5）分别从每个子功能的所有解决方案中都选出一个解决方案，组合成一个整体的原理性解决方案。

（6）根据设计要求谨慎分析得出所有原理性解决方案，并至少选择3个原理性解决方案进一步研究。

（7）为每个原理性解决方案都绘制若干设计草图。

（8）从所有设计草图中选取若干有前景的创意，并将其进一步细化成设计提案。

4．此方法的局限性

形态分析并不适用于所有的设计问题，与工程设计相关的设计问题最适宜采用此法。当然，设计师也可以发挥想象力，将此方法应用于探索产品的外观形态。

7.1.2 设计手绘

设计手绘是一种非常实用并有说服力的设计工具，对产品设计的探索和交流都很有帮助（见图7-2）。作为设计决策的重要组成，设计手绘常被用于设计的早期阶段，如头脑风暴、设计概念的研究与探索及概念展示阶段等。

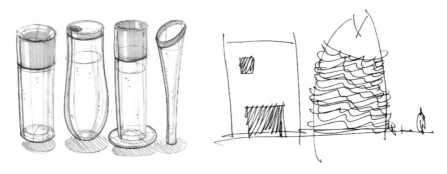

◎ 图 7-2　Squidbone 设计公司的产品设计手绘

1. 何时使用此方法

在设计的初始阶段，设计师一般通过简单的产品设计手绘表现产品的基本造型、结构、轮廓阴影及投射阴影等。因此，设计师需要掌握基本的绘图技巧、透视法则、3D 建模方法、轮廓阴影及投射阴影的原理等。由于上述技巧基本可以满足产品设计手绘的表现力要求，因此设计师不需要为所有产品设计手绘都上色。

当设计师需要将不同的创意进行结合形成初步概念时，就需要考虑材料的运用、产品的形态、功能及生产方式等。此时，材料的色彩表现（如亚光塑料或高光塑料）变得更为重要，草图也需要创作得更为精细。

绘制侧视手绘是一种快速且简单地探索造型、色彩和具体细节的有效方式。

2. 如何使用此方法

设计手绘在设计的不同阶段发挥着不同的作用。在整个设计阶段，尤其是设计的整合阶段，探索性的产品设计手绘能帮助设计师更直观地分析并评估设计概念。设计手绘的 3 个作用如图 7-3 所示。

1 可以帮助设计师分析并探索设计问题的范畴

2 可以作为联想更多设计创意的起点

3 可以帮助设计师探索产品的造型、意义、功能及美学特征。加入文字注解的产品设计手绘有助于设计师与他人交流设计概念，使他人更容易理解设计师的想法

◎ 图 7-3　设计手绘的 3 个作用

设计师在使用设计手绘时要注意以下几点。

（1）一定要在开始绘图前确定手绘的目的，并在此基础上依据项目团队的目的、时间，自己的能力与工具等各种因素选择绘图的技法。

（2）产品设计手绘只有在正确的情境中使用才有意义。只有有效地表现出设计师的想法，产品设计手绘才算达到预期的目标。因此，设计师在设计的不同阶段可能需要采用不同的草图绘制方式。由于时间在设计项目中十分宝贵，快速完成的产品设计手绘往往比进行 3D 渲染在创意过程中效率更高。

（3）对创意的产生与评估而言，产品设计手绘比 CAD 渲染图及实物模型更灵活、易用。因为 CAD 渲染图及实物模型看起来往往过于成熟、完整，不易更改。例如，当项目团队在与客户讨论设计方向或者可能性时，产品设计手绘更加适用。

（4）有一张纸或者一个数位板，再加几个绘图软件（如 Photoshop、Corel Painter 等），便可以对头脑风暴中产生的创意进行完善的表达。

技术文档：一种使用
标准 3D 模型和工程图纸
对设计方案进行精准记录
的方法。

（5）手绘练习有助于提高设计师的图像理解力、想象力及对整体造型的表达能力。

3. 此方法的局限性

（1）设计师需要持续不断地练习手绘技能，否则无法将设计概念完整地表现出来。

（2）有时候 3D 模型比产品设计手绘能更直观、有效地表现设计想法，且易对产品进行说明。

7.1.3　技术文档

技术文档是一种使用标准 3D 模型和工程图纸对设计方案进行精准记录的方法。3D 模型数据还可以用于模拟并控制产品生产及零件组装的过程。在此基础上，设计师还能运用渲染技术或动画的手法展示设计概念。

1. 何时使用此方法

技术文档一般用于概念产生后选择材料并研究生产方式的阶段，即设计方案具体化阶段。除此之外，技术文档也可以为设计的初始阶段提供支持，帮助生成设计概念，并探索设计方案的生产过程、技术手段等因素的可能性。有些项目需要从基础零部件开始建立技术文档，如电池、内部骨架等（自下而上的设计）。这些模型的工程图打印文稿可以作为探索设计形态、明确设计的几何形态与空间限制等的基础。通过快速加工技术可以创造出有形的模型，如壳型模型或产品外壳等。另外，技术文档还可用于确定产品外部构造（自上而下的设计）。

2. 如何使用此方法

SolidWorks 之类的设计软件可用于构建参数化的 3D 模型。这类模型建立在特征建模概念的基础上，即不同的部件是由不同的几何形态（如圆柱体、球体或其他有机形态等）结合或削减得出的。3D 模型不仅可以是多边形建模的，还可以是曲面（运用零厚度曲面）建模成型的，后者在有机形态中的使用尤为广泛。一个产品（或组装部件）的 3D 模型可以由不同的零部件组合而成，不同部件之间的组合特征相互关联。如果设计师有不错的空间想象能力，那么经过 60～80 小时的训练，便可以掌握基本的建模技巧。标准的工程图在设计中的主要作用在于保证并规范生产质量及控制误差。因此，设计师应该对制造语言具备良好的读、写、说的能力。

3. 主要流程

◎ 图 7-4　3D 模型效果图

（1）在概念设计阶段，设计师应创建一个初步的 3D 模型（见图 7-4）。在设计早期，设计师可以运用动画的形式探索该 3D 模型机械结构的行为特征。

（2）在设计方案具体化的过程中，设计师应在建模软件中赋予 3D 模型可持续的材料，并通过虚拟现实的方式观察、预测其在生产流程中的行为表现，如在注模和冷却过程中会出现怎样的情况。同时，设计师可以进行一些故障分析，如强度分析等。当然，设计师还

角色扮演：一种对交互形式的模拟，能帮助设计师改进、决定产品设计与潜在用户之间的交互行为。

可以对产品的形态、色彩和肌理进行探索。

（3）在设计末期，设计师应重新建立一个具体、详细的 3D 模型，并导出所需的工程图，以确保设计方案在加工制造过程中能最大限度地达到其属性与功能要求。

（4）在设计结束后，设计师可将此 3D 模型用于制造相关生产工具。最后，设计师还可以利用该模型的渲染图，如产品爆炸图、装配图或动画等辅助展示产品设计的材料（如设计报告、产品手册、产品包装等）。

7.1.4　角色扮演

角色扮演是一种对交互形式的模拟，能帮助设计师改进、决定产品设计与潜在用户之间的交互行为。

1. 何时使用此方法

角色扮演如同舞台剧演出，通过让潜在用户完成各项任务，设计师可以进一步了解复杂的交互过程，从而从交互方式上改进设计方案。

此方法在设计流程的整个过程中均可使用，可以帮助设计师从用户与产品互动的角度改进设计方案。设计师也可以在设计的末期运用此方法进一步了解已开发产品的交互品质。如果设计师自身不属于目标用户，那么通过角色扮演的方式，可以融入目标用户的产品使用场景，这对设计师的产品设计十分有帮助。例如，设计师可以戴上一副半透明的眼镜，或将自己的关节用胶带绑住，以此感受视力不佳者或行动不便者的生活场景。

2. 如何使用此方法

角色扮演的一个重要优势是可以让设计师将其全身所有感官都融入某个特定的场景中。相对于故事板或场景描述等方法，使用此方法，设计师更能身临其境地体验目标用户的生活场景。此方法不仅能帮助设计师探索有形的交互行为，还能帮助设计师感受优雅行为的表现方式及其吸引力。此外，通过角色扮演，设计师还可以逐步体验产品与人交互的所有过程。对于角色扮演的过程，项目团队通常用照片或视频的方式记录下来。此方法以初步设想的交互方式为基础，选出优秀的交互体验方案，并完成该交互过程的视觉和文字描述。这些都可用于交流和评估设计。

3. 主要流程

角色扮演的主要流程如图 7-5 所示。

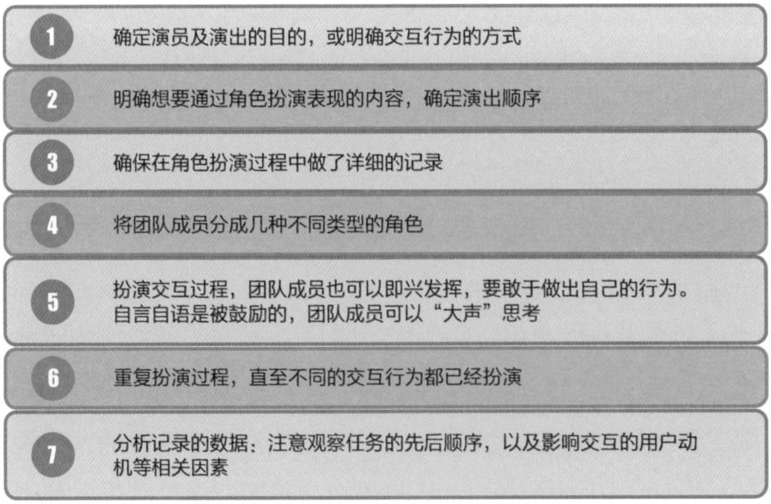

①	确定演员及演出的目的，或明确交互行为的方式
②	明确想要通过角色扮演表现的内容，确定演出顺序
③	确保在角色扮演过程中做了详细的记录
④	将团队成员分成几种不同类型的角色
⑤	扮演交互过程，团队成员也可以即兴发挥，要敢于做出自己的行为。自言自语是被鼓励的，团队成员可以"大声"思考
⑥	重复扮演过程，直至不同的交互行为都已经扮演
⑦	分析记录的数据：注意观察任务的先后顺序，以及影响交互的用户动机等相关因素

◎ 图 7-5　角色扮演的主要流程

7.1.5　样板模型

样板模型是一个表现产品创意的实体，此方法运用手工打造的模型展示产品方案。在设计流程中，样板模型通常用于从视觉和材料上共同表达产品创意和设计概念（见图7-6）。

◎ 图7-6　样板模型

1. 何时使用此方法

在设计过程中，样板模型经常被用到，它在产品研发过程中有着举足轻重的作用。设计的整个过程不仅应在设计师的脑海中进行，还应在设计师的手中进行。在工业环境中，样板模型常用于测试产品各方面的特征、辅助改变产品结构和细节，有时还用于帮助企业就某产品的形态达成一致意见。对于量产产品，功能原型通常用于测试产品的功能和人机特征。如果在设定好生产线之后再进行改动，所花费的成本和耗费的时间就会非常多。

2. 此方法的作用

样板模型在设计中的作用主要体现在以下3个方面。

（1）激发创意和拓展设计概念。设计草模在创意和概念的产生阶段经常被用到。这些草模可以用简单的材料制作，如白纸、硬纸板、泡沫、木头、胶带、胶水、铁丝和焊锡等。通过制作草模，设计师可以快速展现早期的创意，并将其改进为更好的创意或更详细的设计概念。这中间通常有一个迭代的过程，即画草图、制作第一个版本的草模、改进草图、制作第二个版本的草模……

（2）在项目团队中交流创意和设计概念。在设计过程中，设计师会制作一个1∶1的创意虚拟样板模型。该模型仅具备创意概念中产品的外在特征，而不涉及具体的技术和工作原理。一般情况下，在创意概念产生的末期，设计师会制作创意虚拟样板模型，以便呈现和展示最终的设计概念。该模型通常也被称为VISO，即视觉模型。在之后的概念发展阶段，设计师需要用到一个更精细的模型，用于展示概念的细节。该细节模型和视觉模型十分相似，都是1∶1大小的模型，且主要展示设计产品的外在特征。当然，该细节模型可以包含一些简单的产品功能。在设计流程中最终得出的3D模型是一个具备高质量视觉效果的外观模型。它通常由木头、金属或塑料加工而成，其表面分布了产品设计中的实际按钮等，表面也经过高质量的喷漆或特殊的处理工艺加工。这个外观模型最好也能体现主要的技术和工作原理。

（3）测试并验证创意、设计概念和解决方案的原理。概念测试模型的主要用途在于测试产品的特定技术原理在实际中是否依然可行。这类模型通常是简化过的模型，仅具备主要的工作原理和基本外形，省去了大量外观细节。这类模型通常也被称为FUMO，即功能模型。产品的细节及材料通常在早期的创意产生阶段就已经决定。

3. 主要流程

制作样板模型的主要流程如图7-7所示。

视觉影像：能帮助设计师将未来的产品体验与情境视觉化，展示设计概念的潜在用途及其对人类未来的生活产生的影响。

1 在制作样板模型之前明确自己的目的

2 在选材、计划和制作样板模型之前决定样板模型的精细程度

3 运用身边触手可及的材料制作在创意生成的早期要用到的设计草模，但对于功能原型和展示模型，需要花精力详细计划制作方案

◎ 图 7-7　制作样板模型的主要流程

需要注意的是，制作样板模型往往需要耗费大量的时间和费用，但在设计概念研发的过程中所花费的这些资源，可以降低生产阶段错误发生的概率，若在生产阶段发生错误，则耗费的时间和费用远不止于此。

7.1.6　视觉影像

视觉影像能帮助设计师将未来的产品体验与情境视觉化，展示设计概念的潜在用途及其对人类未来的生活产生的影响（见图7-8）。

◎ 图 7-8　手机界面使用效果动画演示

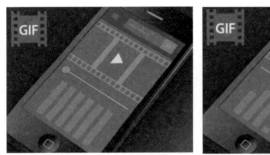

◎ 图 7-8 手机界面使用效果动画演示（续）

1．何时使用此方法

视觉影像方法通过将图片景象、人物及感官体验等抽象元素混合制作成影片，充分展示产品在未来场景中的使用细节。将产品在特定场景中的使用情况进行展示不仅强调了产品设计的功能，还体现了产品在特定环境中所产生的价值。视觉影像不仅能描述产品设计的形态特点（如一件真实的产品），还能展示产品引发的无形的影响（如用户的反应及情绪）。视觉影像为概念产品的设计、造型及视觉展示方案提供了巨大的可能，尤其在蒸蒸日上的服务设计（处理人、产品和活动之间的交互关系的设计）领域更是应用广泛。

2．如何使用此方法

在需要将未来产品设计与服务的完整体验进行展示的设计项目中，视觉影像方法最适用。然而，制作一段令人信服的影片需要设计师不断地练习，因为这不仅需要特殊的能力与技术，还需要运用各种媒体与设备。影片制作是一个重复迭代的过程，首先需要创建场景描述与故事板，然后进行影片脚本的拍摄，最后对影片进行剪辑与制作。这些制作程序将不断挑战设计师在产品的未来使用场景中架构故事并展示产品概念的能力，该方法的设计价值也因此得以彰显。

3. 主要流程

视觉影像制作的主要流程如图7-9所示。

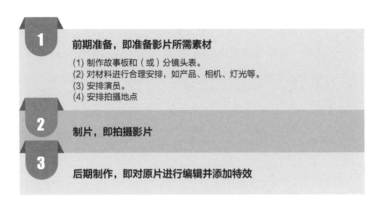

◎ 图7-9　视觉影像制作的主要流程

视觉影像很容易占用大量资源，并需要特殊软件、器材及技术的支持，因此制作者可能"误入歧途"，耗费大量的时间追求技术上的完美，从视觉上取悦用户。然而，视觉影像方法最主要的价值应该是向用户传达与该设计有关的用户体验。

7.2　设计四大要素的呈现

7.2.1　造型

工业产品造型设计就是对一个产品的外在形象进行有计划的策划及设计，形象地说，就是对产品的外观形象进行艺术创意策划及个性化包装。

俗话说"人靠衣装马靠鞍""三分相貌七分打扮"，其实说的也是个人形象的修饰及美妆设计，提高自己的整体美感，从而给人留下好的印象。从产品的角度来说，一个有艺术创意魅力的外观，或时尚、或经典、或简约、或精雕细琢，虽然各具风格，但都会让用户赏心悦目，从而产生购买的欲望。若产品是知名品牌，则用户可能会以拥有该产品而自豪。

产品造型设计应当走在现实的用户及企业设计需要的前面，应具有战略导向和指引的意义。因此，设计师在进行产品造型设计时，应合理、充分地满足社会需要，包括以不同类型、层次的设计满足不同层次设计受众的需要。

（1）了解用户对产品的兴趣形成及其对产品外观设计的影响。

兴趣属于心理学的范畴，是指人们力求认识乃至积极探索某种事物和进行某项活动的意识倾向。通常，按照兴趣的目的或者说倾向对象，兴趣可被分为直接兴趣和间接兴趣两类。用户的兴趣又由三大因素构成：认知倾向、感情倾向和行为倾向。产品的外观设计观念或思想应当满足用户的兴趣心理需要，符合用户的兴趣倾向规律，设计师不应我行我素、高高在上、自我欣赏，或者设计的产品外观让用户生厌，因为设计产品的目的是让用户接受、购买，让企业因此获得相应的利润。

（2）企业的文化理念、企业的综合实力、科学技术水平、产品的人群划分、价格定位等对产品的造型设计都存在一定的影响。

不同产品外观所呈现的整体形象和质量可能有天壤之别。以电饭煲为例，有的企业生产的电饭煲外观设计简约精致、大方经典，色彩搭配恰到好处，或温馨时尚、或简洁高级，美观和谐，能让用户产生比较好的心理感受，也传递了产品应有的价值；而有的企业生产的电饭煲的外观并不能达到用户的心理预期。

（3）设计师在设计产品外观时应结合多方面的调查分析报告。

市场环境分析。进行市场环境分析的主要目的是了解产品的潜在市场和预计销量，以及竞争对手的产品信息。只有掌握了市场需求，才能做到有的放矢、减少失误，从而将风险降到最低。以音箱外观设计为例，企业的定位是户外蓝牙小音箱，设计师就得根据户外活动的特点进行设计，设计轻巧、携带方便、具有户外特征的元素、尽可能防水等的产品，反之，则不会取得好的营销效果。

消费心理分析。只有掌握了用户会因为什么原因、出于什么目的去购买产品，才能制定出有针对性的营销策略。营销大多是以用户为导向的，根据用户的需求来制定产品策略，但仅仅如此是不够的，还要对消费能力、消费环境进行分析，才能使整个营销活动获得成功。

产品优势分析。只有做到知己知彼，才能百战不殆。在营销活动中，自己的产品难免会被用户拿来与其他产品进行对比，如果无法了解自己的产品和其他产品的优势和劣势，就无法打动用户。设计师应依据用户的性别、年龄、受教育程度、经济状况、生活经历、心理素质、对设计的认知、文化修养等区别做出自己的判断，对于受教育程度较高、经济状况较好的用户，可以注重激发其理性、认知兴趣因素，从而带动情感兴趣因素；对于受教育程度相对较低、购买行为较为感性、热情、追求时尚的用户，可以通过时尚宣传互动，借激发其感情兴趣的因素来带动其认知、行为兴趣因素，从而实现让其购买产品的目的。

（4）在大多数情况下，用户个人或群体设计兴趣的产生和强化有赖于参与活动的氛围。

企业或设计师可以组织用户适当参与工业产品设计活动，良好的活动氛围能使用户对工业产品设计有更直观的体验，其设计兴趣容易得到激发和深化，从而产生进一步了解新产品的欲望。如果条件允许，那么企业或设计师可以让用户适当参加一些力所能及的设计，增强他们的参与感，因为人们都会对自己参与设计的产品感兴趣，进而可能产生购买行为。

总而言之，产品的造型设计既是对现实社会生活的反映，又构成、改变着生活。企业重视产品造型设计，对产品进行良好形象的艺术包装，赋予其文化内涵，讲好产品设计所包含的文化故事；设计师充分发挥自己的专业特长，准确把握市场各方面的有用信息，设计出更有艺术魅力、更有品位的产品造型艺术形象。产品与用户始终有着千丝万缕的关系，产品本身的特点吸引着用户，用户的兴趣会反过来促使设计师设计出更多符合用户兴趣的产品。

伊奈是由日本独特的传统和文化培育出来的卫浴品牌。秉承"本质、洗练、通人"的设计理念，伊奈巧妙运用方圆形、张力形、火山形三大源自日本美学的标志性元素，成功设计出展现光、影、线相互作用的 S400 系列产品（见图 7-10）与巧妙运用日本空间利用术的 S600 系列产品（见图 7-11），将个人卫生的功能性必需品转变为美丽、让人舒适的产品。

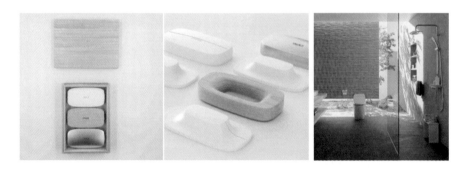

◎ 图 7-10　S400 系列产品

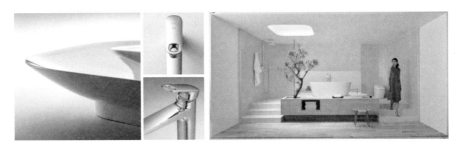

◎ 图 7-11　S600 系列产品

在 S400 系列产品的设计中，方圆形、张力形和火山形三大设计元素以产品的形式得到了彻底的展现。方圆形是一种由正方形和椭圆形构成的混合形状，带有圆角，提升了小浴室的安全性。张力形的灵感来源于水面张力，这种元素轻轻地反射光线并引发交互作用，为平面添加了一个张弛有度的灵动元素，使产品充盈、充满张力，尽显张弛有度之感，正如日式建筑，明明局限在规则之内，又好像要和自然融为一体。火山形的灵感来源于自然形成的火山形态，从地表突起形成一个自然弧度的变化，将其运用于产品之中，不仅为用户带来更愉悦的实用体验，还提升了视觉上的美感。

在 S600 系列产品的设计中，伊奈同样将方圆形、张力形和火山形三大设计元素运用到极致，使每个产品看起来都像艺术品，且优化了不必要的间隙空间，使整体区域看起来更宽敞。方圆形这一独特的混合几何形是与建筑相关的正方形和人性化的椭圆形的完美结合，创造出一种既能让人意识到置身于建筑空间，又能让人深切感知人性化互动，连接人与建筑的艺术之美。张力形的融入可使产品像武士的刀刃一样，具有精确、优雅、美丽的特点，而且这种形状拥有对称的倾斜，呈现水流的空净之美，也集中体现出伊奈特有的日式情怀与内在精神。而火山形的设计则能赋予产品易于清洁和维护的特点，使产品兼具坚固与优雅的特点。

7.2.2　功能

产品是具有物质（实用）功能，并由人赋予一定形态的制成品。在此，物质功能是指产品的用途。产品设计的目标是实现一定的功能，产品的物质功能是产品赖以生存的根本。功能是相对人的需要而言的，产品的功能反映了产品与人的价值关系。人们购买产品是为了满足自己的各种物质需要，不为人所需要的产品就是"废物"。这就是人们常说"功能第一性"的缘由。产品物质功能的价值是以需要和需要的满足为主要标志的。

好的设计会让用户感觉到有用、好用。用户购买产品是为了使用，因此产品必须满足特定的标准。这些标准不仅是功能上的，还是心理和美学上的。好的设计强调产品的有用性，并略去可能削弱产品的有用性的一切因素。

不论是哪种类型的产品，其功能属性都主要有 3 个方面：功能先进性、功能范围和工作性能（见图 7-12）。

◎ 图 7-12　产品的功能属性

1. 功能先进性

功能先进性是产品的科学性和时代性的体现。运用现代高新技术的产品，能提供新的功能或高的性能，不仅能满足人们的求新、求奇的心理需要，还可解决工作或生产的难题，使人们的某些愿望得以实现，或者提高人们的生活和工作质量，使人们的生活和工作更轻松、舒适，从而获得心理上的满足。在此，先进性是相对而言的，将其他领域的技术引入某一领域而设计出的具有新功能的新产品，也可被视为具有先进性的产品。例如，具有磁性台面的绘图桌、运用各种物理原理设计的玩具等，虽然这些物理原理并不是新技术，但在这类产品中的运用是新的尝试。

图 7-13 为 adidas 品牌的革新之作 FutureCraft 4D。作为创新采用光和氧气打造中底的鞋，FutureCraft 4D 在鞋型的定制方面延续了 Ultra Boost 的经典造型（也是大众熟知的），比较有亲切感。FutureCraft 4D 的鞋面采用舒适且透气的 Primeknit 材料制作而成，在运动过程中能够有效散热。其鞋底部分采用 Carbon 公司的 Digital Light Synthesis 技术打造。这种创新科技可以通过光来定位，使用透氧片和液体树脂制作出非常符合人体工程学的具有足部减震、稳定等特点的专业的舒适鞋底。从图 7-13 中可以看到，鞋底采用了网状镂空的造型，这也能让用户直观地看到甚至体验到该技术的科技性。

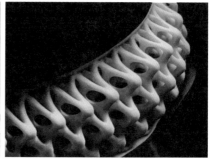

◎ 图 7-13　FutureCraft 4D

2. 功能范围

功能范围是指产品的应用范围，现代人们对工业产品功能范围的需求在向多功能方向发展。例如，手表除计时外还要加上日历功能、闹钟功能、定时功能；而电子表的功能又与袖珍式收音机，甚至玩具等的功能相结合。随着移动通信技术的发展，许多传统的电子产品开始增加移动互联方面的功能，手表独当一面，通过内置智能化系统、搭载智能手机系统而连接网络来实现多功能，如能同步手机中的短信、邮件、照片、音乐等。

多功能可给人带来许多方便，满足多种需要，使产品的物质功能完善而又有新奇感。例如，可视电话，可调温、喷雾的电熨斗等更具有时代感。当然，功能范围要适度，过宽的适用范围不仅会因设计、制造困难而增加产品成本，还会带来使用、维护的不便。设计师可从对人们的功能需求心理的分析出发，设计出功能可供选择的系列产品。

当人们戴上口罩时，部分脸会被遮住，人们的沟通会变得相对困难，因为人们不仅不太能听清对方的声音，也看不到对方完整的面部表情。对儿童、老人及听障人士而言，口罩更成为沟通的主要障碍。针对这一问题，来自 Empa 和瑞士洛桑联邦理工学院 EssentialTech 中心的研究团队开发出一种全透明的外科口罩（见图 7-14），利用特殊纤维的结构制作出极其微小的缝隙，使得空气可以通过，病毒和细菌则被阻挡在外。

◎ 图 7-14　全透明的外科口罩

3. 工作性能

工作性能通常是指产品的机械性能、物理性能、化学性能、电气
性能等在准确、稳定、牢固、耐久、高速、安全等各方面所能达到的
程度。它显示出产品的内在质量水平（如设备的噪声、电视机的图像
清晰度等均是用户关心的问题），是满足功能需求心理的首要因素。
考虑到上述因素的新产品，由于能使人们的需求得到满足，而使人感
到快慰。从美学角度出发，我们就可认为它具有了功能美，因为它既
具有外在的合目的性（满足需要的使用价值），又具有产品本身固有
的机能和生命力。所以说，产品的美首先来源于功能。

Nendo 与日本制笔品牌 ZEBRA 展开合作，共同推出一款名为
bLen 的圆珠笔（见图 7-15），主要关注构成书写过程的微妙动作。
这款圆珠笔拥有稳固、结实的外观，其形状易于抓握，因而长时间使
用也依然舒适；笔夹被设计为扁平式，与笔身形状完美贴合，在书写
时能保持稳定和平衡；可伸缩按钮则被设计为宽且扁平的形状，按
动起来十分方便。设计师还将圆珠笔的技术信息展示在可伸缩按钮
上；圆珠笔的墨囊与外壳之间设置了固定元件，能消除快速书写时产
生的噪声，这样的设计也让组成圆珠笔的多个细小元件保持在正确的
位置，从而避免内部零件产生不必要的活动。为了让整个笔身更加稳
定，设计师还在笔尖附近加入黄铜作为配重，从而使整个笔的重心
降低。这个配重也让笔尖与纸张的接触更加光滑和轻柔，从而更加
显著地减少笔身由于书写时的向心力产生的意料之外的活动。不仅
如此，设计师还在可伸缩按钮系统中加入额外的弹簧，起到悬吊作
用，进一步减少书写时的咔嗒声和其他噪声。为了提升流畅书写体

验，Nendo 与 ZEBRA 还共同开发出特制的墨囊。为将弯曲程度降至最低，bLen 圆珠笔的墨囊比普通墨囊宽 0.4 毫米，还选用了浓稠顺滑的乳剂油墨。

◎ 图 7-15　bLen 圆珠笔

7.2.3　色彩

美国营销界总结出了"7 秒定律"，即消费者在面对琳琅满目的产品时，只要 7 秒钟，就可以确定对这些产品是否有兴趣。在这短暂而关键的 7 秒之中，色彩的作用占到了 67%。

雀巢公司的色彩设计师曾为此做过一个有趣的试验：他们将同一壶煮好的咖啡倒入红、黄、绿 3 种颜色的咖啡罐中，让十几个人进行品尝和比较。结果，品尝者一致认为绿色罐中的咖啡味道偏酸，黄色罐中的咖啡味道偏淡，红色罐中的咖啡味道极好。因此，雀巢公司决定用红色罐包装咖啡，果然赢得消费者的一致认同。可见，合适的产品、品牌的颜色能给消费者留下鲜明、快速、深刻和非同寻常的印象，从而提升消费者对产品、品牌的认知，促使其购买。

色彩的应用涉及产品的色彩设计、开发，产品的外观设计与包装，产品展示的色彩布局陈列，生产环境的色彩气氛烘托等，因此色彩视觉设计的触角无所不及。

色彩的选配要与产品本身的功能、使用范围，以及目标受众的色

色彩的选配要与产品本身的功能、使用范围，以及目标受众的色彩爱好相适应。

彩爱好相适应。因此，对产品进行科学的色彩包装可以产生巨大的销售力，因为适当的色彩包装（见图7-16～图7-19）能增强消费者对产品美感的认同感，甚至能让消费者产生强烈的消费需求。实践证明，化妆品宜采用米色、石绿色、海水蓝色、乳白色、粉红色等中间色包装，以便产生高雅富丽、质量上乘的效果；食品一般宜采用红色、黄色、橙色包装，以便显示其色香味美、加工精细；药品则宜采用白色包装，以便给人干净、卫生、疗效好的感觉。

◎ 图 7-16 Apollo 咖啡的圣诞主题包装

◎ 图 7-17 Galamb Tailoring 布达佩斯手工高级西装的包装

◎ 图 7-18 NARS 新年限定包装

◎ 图 7-19 日本调味产品的包装

要成功地运用色彩，达到传递产品信息、促销产品、划分产品档次和提高品牌知名度的作用，产品的色彩设计就需要全方位地考虑相关要素，如产品的内容和特色、消费者的心理、销售场所等，并且遵循如图 7-20 所示的 3 个原则。

◎ 图 7-20 产品的色彩设计要遵循的 3 个原则

1. 体现产品的内容和特色

设计的功能之一就是将产品的内容和特色传达给消费者，色彩设计也应该遵循这一原则，根据产品的类别和内容来选择合适的颜色。利用色彩的象征性来体现产品的内容和特色，可以使消费者对产品产生较为真实的感受。在色彩设计的应用中，如果能采用体现产品的形象色，使消费者能够在第一时间就联想出产品的特色、性能，就能使产品容易辨认、更具有竞争力（见图 7-21 和图 7-22）。

◎ 图 7-21 法拉利的红色　◎ 图 7-22 苹果 EarPods 的白色

色彩设计要符合企业的营销策略，符合产品的展示环境和陈列方式，使产品在展示环境中具有很好的注目性和识别性。

2. 适应消费者的心理

色彩对消费者的心理产生的作用不能一概而论，随着性别、年龄、国家、地区、民族、宗教信仰等的不同而有所区别。在设计色彩时，设计师要尊重目标市场的喜好和禁忌，以免产生歧义，甚至引起反感。例如，儿童喜欢鲜明的颜色；男性一般喜欢冷色，如体现智慧和阳刚之美的蓝色、灰色等；女性比较喜欢暖色、亮色等体现轻、柔、美、时尚的色彩。知己知彼、投其所好是色彩设计最根本的原则。

如图 7-23 所示，华为 WATCH GT2 在表带的颜色、材质和设计上，时尚版选择了真皮材质制成表带，摸上去手感顺滑，看上去尽显高贵；而运动款延续了氟橡胶的表带材质，同样是经典的黑、橙双色设计，不仅看上去充满活力，表带也更亲肤、耐磨、抗划、防水，实现了美感和实用性的共存。

◎ 图 7-23　华为 WATCH GT2

3. 符合企业的营销策略

产品的展示不是孤立的，广告设计本身就是企业形象策划的一部分。色彩设计要符合企业的营销策略，符合产品的展示环境和陈列方式，使产品在展示环境中具有很好的注目性和识别性。

（1）差别化定位。在进行设计时，设计师要对同类产品尤其是主要竞争对手的产品的色彩进行充分的市场调研，选择与众不同的色彩效果，产生"万绿丛中一点红"的效果，使自己设计的产品从众多产品中脱颖而出。

（2）利用品牌化、系列化的形式。利用色彩的群组化优势来形成一个货柜、一片展区、一个柜台等，来增强产品的视觉冲击力。例如，同一企业的系列化妆品牌的产品，用同一色系、不同的造型来进行区分，给人留下深刻的印象。

（3）色彩设计要与其他设计元素和谐统一。在设计中，颜色、图形和文字是构成设计的三大视觉元素，颜色和图形可以更直接、快捷地传达产品信息，文字对产品信息的传达更准确，它们相互依赖、相互补充，共同演绎产品的功能。其设计好坏、合理与否，直接影响设计的整体效果。为了实现共同的主题，它们必须配合、协调，在多样化中具有统一性，促成整体设计的和谐统一。例如，针对传统类的主题，色彩应选用古朴典雅的，字体应选择多姿多貌的中国艺术书法，图形应选择寓意、象征恰到好处的传统吉祥图案，共同营造十足的传统氛围，让人一眼就能认定内装物是传统产品。

在进行色彩设计时，设计师必须采用对比手法，突出传达的信息。对于说明性的文字，在色彩处理上要使其保持清晰、可辨、醒目的状态，不要使其含混不清，要注意色相、明度的变化，保持文字的易读性。在色彩设计中，创造性地灵活运用这些原则，就能让色彩清晰无误地传递信息，很好地促进产品的销售，提高产品和企业的知名度（见图 7-24）。

◎ 图 7-24　博朗公司产品的统一造型和色彩形象

7.2.4　材料

　　材料的选择贯穿产品-人-环境的系统。材料自身的特点影响着产品设计，不仅可维持产品的形态，还通过自身的性能满足产品功能的要求，成为直接被用户视及、触及的对象。任何一个产品设计，只有选用的材料的性能特点及加工工艺性能相一致，才能实现设计的目的和要求。每一种材料的出现都会为设计的实施创造条件，并对设计提出更高的要求，给设计带来新的飞跃，出现新的设计风格，产生新的

材料：作为产品设计的基础，以其自身的固有特性和感觉特性参与设计构思，其审美特征被充分挖掘，为设计提供了新的思路、视觉经验和心理感觉。

功能、结构和形态。

材料作为产品设计的基础，以其自身的固有特性和感觉特性参与设计构思，其审美特征被充分挖掘，为设计提供了新的思路、视觉经验和心理感觉。随着设计表现形式的日趋多样，各种材料独特的审美特征也越来越受到设计师的关注，在设计中注重材料语言的运用，已经成为现代产品设计的一个重要理念。

1. 自然美

许多材料来源于美丽的有生命的物体。一片布满粗细叶脉的树叶，一片叶生叶落、春绿秋黄的森林等，自然界的一切无不向人揭示，在自然力量支配下的生物世界充满神秘的多样性和复杂性，这是一种自然生命的美。现代设计师常在工业产品中融入自然材料，使生命的神秘性和多样性能够在产品中得以延续。通过材料的调整和改变增加自然神秘感或温情脉脉的产品情调，能使人产生强烈的情感共鸣。大自然是最伟大的设计师，它所创造的壮观、迤逦、神奇，任何设计师都无法与之比拟。这种美在于它的历史厚重感，它的多样性和复杂性是由千百年来的生命活动逐步形成的。它映射着一种历史沧桑感，记载了无数被遗忘的故事。

图 7-25 为 Furuhelvete 系列家具。松树在挪威生长茂盛，已经有数百年历史，用于建造房屋和制造家具，但似乎已经过时。设计师希望对传统工艺进行创新，制造出与木材结构相适应的作品，并通过创作更多现代的形状来突出木材的品质。三足凳子是使用由计算机控制的铣床生产的，形成了矮胖的外形。三脚架框架支撑着柔和弯曲

的座椅。该框架与最小的靠背相交，突出迷人的木纹，并经过手工打磨，形成光滑、高品质的饰面，探索了松木的不同材料特征。

◎ 图 7-25　Furuhelvete 系列家具

2. 工艺美

在设计好产品形态、确定好材料之后，设计师就要设计一系列的加工工艺。加工工艺是工业设计中将结构形态设计物化的手段。任何产品，无论其功能、形态及材料如何，都必须经过各种加工才能被制造出来。工艺美是指遵循材料的加工工艺，用最简单的方法解决最复杂的问题，也就是说，材料的加工工艺要力求与材料的特性相吻合。例如，以前的金属钣金件是由锻打工人手工打造的，而机器的自动化控制的运用及新材料、新工艺的出现对材料产生了影响，如冲压成型、拉伸成型工艺等，给金属材料的成型方式带来很多改变，从而促进了形态肌理的多样化。这些进步都建立在遵循材料的加工工艺的基础上。它们是真实的、合理的，因而也是美的。工艺美来源于材料细致、精湛的加工工艺。

金属与灯具的结合，大多数走的是极简风路线，充满金属质感。设计师玛高扎塔·施莫夫兹卡则与众不同，她运用金属材料设计的一系列名为"灯光之眼"的灯具（见图7-26）华美至极。这一系列灯具的设计灵感来源于自然，蝴蝶的翅膀、金鱼的鳞片、鸟类泛着微光的羽毛都被设计师巧妙地运用到作品中，造型轻盈灵动，丝毫不见金属的厚重感。灯罩部分为金属织物，由来自波兰的工匠手工打造，它们被编织成不同的形状轮廓，将光源置于其中，光线照射到金属表面反射开来，看起来波光粼粼。

◎ 图 7-26 "灯光之眼"系列灯具

3. 功能美

产品形态中的肌理因素能够暗示使用方式或起警示作用。

一把锋利的厨师刀通常只在刀柄上看见木材的身影，木材只占整把刀的 30% 左右。但德国的 LIGNUM 设计团队经过两年的研发，设计出一款全身 97% 都由木材制造的锋利厨师刀 SKID（见图 7-27）。SKID 中 97% 的刀身部分都是用罗比堇木制作的，剩下 3% 的刀锋则采用合金碳钢制作，经过不断的努力，刀锋与木制刀身之间几乎实现了完美、坚固的无缝连接。精选的木材使得这把刀有坚固耐用的特性，同时非常轻便。木材刀身部分用亚麻子油进行真空渗透，并用特殊油蜡混合物封闭了木材上的毛孔，因此提高了刀身的自洁能力和抗菌性能。

◎ 图 7-27　厨师刀 SKID

4. 感性美

材料会使人产生许多联想。石头、木头、树皮等传统材料总会使人联想起一些古典的东西，产生一种朴实、自然、典雅的感觉。玻璃、钢铁、塑料等又强烈地体现出现代气息。将这样的材料运用到产品中，会使产品或多或少地带上情感倾向。材料的情感个性就像颜料的色彩一样。运用材料进行产品设计与作画很相似，都是为了表达一定的创意，并塑造一定的角色。材料的相互配合也会产生对比、和谐、运动、统一等意义。一个好的设计有时亦需要好的材料来渲染，促使人去想象和体会，让人心领神会并怦然心动。

如图 7-28 所示，这款桌子的灵感来自波浪，不仅达到美学目的，还创造出实用的第二层，使其可以兼具边桌、床头柜、杂志/报纸架、文件夹架等功能。桌子虽然坚固，但仍能营造出纸张或轻质织物的柔软感觉。在让人产生被推向墙壁错觉的同时，它无缝地成为生活空间的一部分。

◎ 图 7-28　曲边折叠桌

绿色材料的美源于人们对于现代技术和文化所引起的环境及生态破坏的反思，体现了设计师和用户的道德和社会责任心的回归。

绿色设计的核心是 3R，即 Reduce（减少）、Recycle（回收）和 Reuse（再利用），不仅要尽量减少物质和能源的消耗、减少有害物质的排放，还要使产品及零部件能够方便地分类回收并再生循环或重新利用。

5. 人文美

绿色材料的美源于人们对于现代技术和文化所引起的环境及生态破坏的反思，体现了设计师和用户的道德和社会责任心的回归。在很长一段时间内，工业设计在为人类创造现代生活方式和生活环境的同时，也加速了资源、能源的消耗，并对地球的生态平衡造成了巨大的破坏。特别是工业设计的过度商业化，使设计成为鼓励人们无节制消费的重要介质，"有计划的商品废止制"就是这种现象的极端表现，因而招致了许多批评和责难，设计师不得不重新思考工业设计的职责与作用。设计师要用新的观念来看待耐用品循环利用问题，真正做到材料的回收再利用。产品在被使用后，将回到工厂进行翻新、维修、保养，再回到市场，再次被使用，直至报废，最终用于材料回收再利用。这样就改变了人类对耐用品的理解和认识。设计师应把人们从资源滥用的旧观念引向资源保护的新观念。绿色材料的美着眼于人与自然的生态平衡关系，在设计过程的每个决策中都充分考虑环境效益，尽量减少对环境的破坏。对材料设计而言，绿色设计的核心是 3R，即 Reduce（减少）、Recycle（回收）和 Reuse（再利用），不仅要尽量减少物质和能源的消耗、减少有害物质的排放，还要使产品及零部件能够方便地分类回收并再生循环或重新利用。在这种道德观的指引下，很多高品质的铅笔都打上了使用人造可再生资源的标签。使用环保的绿色材料的产品是设计师和用户美丽灵魂的展现，因而环保的绿色材料产生了美。

图 7-29 为亚马逊的护肤品牌 Belei 的产品包装，它获得了全球唯一一个专门针对产品包装设计的、被誉为产品包装设计界"奥斯卡

大奖"的 Pentawards 产品包装设计大奖。在产品的制作上，Belei
的系列产品中包含透明质酸、维生素 C 和视黄醇等多种知名护肤成
分，并且不含任何防腐剂、邻苯二甲酸、硫酸盐和香精等成分。产品
包装设计不但简约，而且绝对环保，采用可回收材料树脂制成。

◎ 图 7-29　亚马逊的护肤品牌 Belei 的产品包装

　　总而言之，材料的质感和肌理的性能特征将直接影响材料用于所
制产品后最终的视觉效果。工业设计师应当熟悉不同材料的性能特
征，对材料、肌理与形态、结构等方面的关系进行深入的分析和研
究，并科学、合理地加以选用，以便符合产品设计的需要。设计材料
的选择应遵循如图 7-30 所示的五大原则。

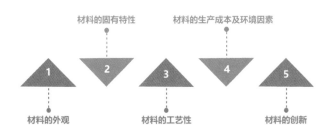

◎ 图 7-30　设计材料的选择应遵循的五大原则

随着现代科学技术的进步，许多新材料不断被发明和应用，因此根据不同的产品结构、功能和要求，选择适宜的材料将会为产品形态的多方案设计提供可行性。值得注意的是，我们在产品形态设计中必须发挥材料本身的自然美，将材料的特征和产品的功能有机地结合在一起，这才是现代工艺的完美追求。

第 8 章

设计方案的完善与报告的撰写

在确定创新的方向，并组建项目团队之后，企业一定要确保项目团队掌握执行任务所需的所有信息，还要了解新产品的战略、规划和发展步骤。

无论是采用积极战略还是应对性战略，都可能取得成功，只要能够将设计放在引导创新的重要位置上即可。无论选择了何种战略，事先规划都是缩短上市时间(产品从开发到推出的时间)的必要步骤之一。

推出新产品的项目是由项目团队进行规划的，需要企业的所有部门都付出努力，其中设计部门与营销部门十分关键。产品设计和开发的过程中可能会出现反复修改，甚至出现中断，有时进展顺利，有时可能倒退。

图 8-1 展示了设计部门经理与营销部门经理在工作中可以采用的主要步骤和不同方法，比较了设计部门与营销部门在产品开发过程中的不同作用，并将新产品的开发流程分为以下 5 个主要阶段：调查—探讨—开发—执行—评估。

推出新产品的项目是由项目团队进行规划的，需要企业的所有部门都付出努力，其中设计部门与营销部门十分关键。

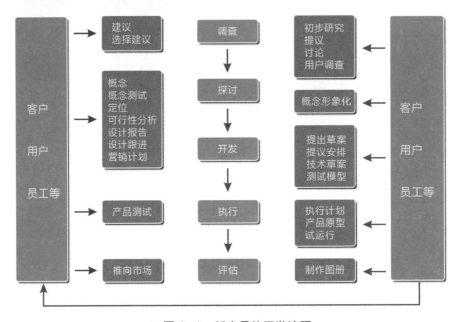

◎ 图 8-1　新产品的开发流程

当然，图 8-1 中列举的内容并不是绝对的，应取决于具体情况，但图 8-1 中列出的大多数内容都具有相当大的参考价值。

从理想化的角度看，在调查阶段，营销部门应该引导产生和选择建议的过程，特别是对销售网络而言，它应该负责提供来自目标市场的直接建议，建议的选择必须符合新产品或新服务的战略标准。

在调查阶段，设计师必须进行初步研究，以便确定可行的产品开发或改进思路，其依据是市场数据或企业的内部信息，以及对竞争对手的产品和不同用户的反馈的分析。

设计师按照自己的方法提出建议和理念：组建创新团队、研究各种限制、预测未来趋势等。将建议和理念形象化的能力尤其重要。

接下来的设计过程的关键是将产品概念化。从根本上讲，概念是传递给用户的信息，是通过产品满足用户需求的承诺，是令用户满意的原因和能够影响产品形象的信息。设计师有责任将口头概念转化为能够通过感官理解的概念，这些感官概念通常是二维或三维的，以实验模型的形式表现出来，使得理解概念和确定需要开发的因素的过程更加顺畅。

产品开发在很大程度上取决于产品本身，但是要依靠营销部门的定位、分析产品的经济可行性、起草定义需求的设计报告等。设计报告是设计过程的基础，是便利企业与设计师沟通的基本要素。在设计过程中要继续特别关注项目提出的重要目标，由管理人员起草待推出的产品的营销计划。

与此同时，由设计部门提出的成功的草稿，一般还会加上几个替代方案。在选出最适合的概念之后，就需要起草技术计划，制作实验模型以测试新产品，这通常由营销部门和用户一起进行。该阶段可包括一系列的多项测试或由多名评判者参与的一次性测试，以便衡量各方面对产品的理解、认识、使用情况及产品本身的易用性。对产品的认识和产品本身的易用性测试由营销部门负责，而对产品的理解和使用情况的测试则由工程师和设计师负责，当然营销部门的意见也很重要。

如果测试结果是积极的，设计部门就要与生产部门协同工作，这也属于开发阶段的一部分，包括执行各种计划、处理产品样本、进行测试等。

一个整合良好的设计部门应该重视产品形象方面的设计，从产品包装到印刷材料均需要考虑到，如产品说明、沟通手册和卖点介绍等（如有必要）。这一工作应从沟通计划和营销计划的设计开始，确定产品资料的最终格式和样本。

在产品被推出之前，其生产过程是由多个部门共同协作的，从而确保它们在销售、推销或广告活动开始时就已经占据了分销渠道。但是，这只是开始，企业在推出产品之后还要跟进，以便确定产品是否成功。

我们在这里讲到的是一个普遍的过程，企业应该结合自己的实际情况（如产品类型等）制订自己的计划，但一定要考虑如图 8-2 所示的 10 个要点。

1 彻底研究每个需要改进的方面
2 避免原地踏步
3 确定创新的范围
4 研究可行的方案
5 就可行方案咨询客户和用户
6 确保行动的灵活性
7 设计样品
8 测试样品
9 撰写详尽的报告
10 测试要推出的产品

◎ 图 8-2　制订计划要考虑的 10 个要点

诚然，在售后服务过程中对产品进行改进并不容易，但我们不能执着于原来的看法，而应该依据情况决定具体的改进方法。下面仅对其中几个要点进行详细介绍。

8.1　彻底研究每个需要改进的方面

项目团队要深入分析问题的每个方面，如某一用户群体不喜欢的地方可能被另一用户群体喜欢，或者被某一用户群体视为小毛病的地方可能被另一用户群体视为放弃购买产品的主要理由。

如果产品广为人知，那么项目团队不妨了解一下人们在各种社交媒体上发表的对产品的看法。另外，通过使用知觉地图，项目团队可以就某个具体方面进行分析并做出改进，确保产品更加尊重用户、安全、健康、功能全面、易于理解、对目标用户有吸引力。在这一阶段，通过与关键用户和行业专家进行深入交流来检验项目团队的看法非常有用，这可能会为项目团队带来许多灵感。

假如项目团队所在的企业在用户中拥有稳定的口碑，那么项目团队不妨在网站上开辟一个接收建议的板块，用户的创造性可能令项目团队惊讶。

另外，项目团队还可以研究一下竞争对手及其推出的类似产品（在本国和外国范围内），看看他们过去是否曾经遇到过类似的问题，了解他们是如何解决这些问题的。

如果可能，那么项目团队不妨与同领域的其他企业或用户联盟合作开发解决方案，与别人分享经验反过来会令项目团队的经验更加丰富。

8.2　确定创新的范围

项目团队在确定需要改进哪些方面后，不妨借鉴别人的经验武装自己，决定如何在本企业推行创新。

项目团队是否拥有所需的知识、经济支持和技术资源？是否能够雇用外部专家，使其与企业的设计经理合作？是否能够获得公共资金的创新支持？

如果项目团队没有根据客观、真实的自我分析做出正确的决策，就不会得到预期的结果。如果项目团队所在的企业决定推出一个项目，却没有财务支持或外部资源，那么项目团队可以尝试，但要确保项目负责人有能力在需要的时候获得专家的支持。

8.3　研究可行的方案

改进可能涉及多个方面，具体的选择取决于项目团队的需求和哪些产品存在问题。项目团队可以使用如图 8-3 所示的 6 个不同的战略处理各种问题。

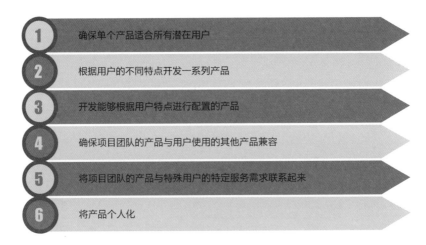

◎ 图 8-3　研究可行的方案的 6 个战略

（1）确保单个产品适合所有潜在用户：该战略适用于建筑业或特殊网站的设计。

（2）根据用户的不同特点开发一系列产品：该战略适用于服装鞋帽行业，如制造不同尺码的同款产品，也适用于汽车、手机、罐头食品制造业或旅馆房间的设计。

（3）开发能够根据用户特点进行配置的产品：如办公椅和台式电脑。

（4）确保项目团队的产品与用户使用的其他产品兼容：如机场或剧院的扩音系统，它的感应回路可以和人们的听觉辅助装置建立通信。

（5）将项目团队的产品与特殊用户的特定服务需求联系起来：如在机场为行动不便的人提供便利，或者在维修店向将汽车送修的用户提供临时代步车辆。

（6）将产品个人化：该战略在咨询业（如律师）或手工艺业（服装或车辆的个性化）应用广泛。项目团队还应照顾到某些特殊人群的需要，如在餐馆中提供不含糖的啤酒或者不含谷蛋白的面包，在博物馆提供轮椅以防游客疲劳或受伤等。

企业可以根据自身的实际情况选择以上战略，使其成为创新方案的实施基础。

8.4　设计和测试样品

1．设计样品

项目团队要改进产品，就需要用草图等形式咨询用户的意见，也可以用二维或三维的设计图代替草图。

2．测试样品

通常，生产出的样品必须功能齐备，足以使用户全面地测试各种细节。显然，本阶段的投入规模取决于产品的成本、所需的投放范围及产品所处的生命周期。例如，制作比例为 1∶1 的汽车模型，请用户进行测试。在实际中有一个有趣的事实：房屋类产品的建造成本越高，使用寿命就越长，但用户在测试阶段是发现不了这个特点的。

与服务相比，设计和测试样品阶段对产品的改进更具启发性，因为调整产品更容易，从而可以更好地满足测试要求。

8.5 撰写详尽的报告

撰写一份详尽的围绕产品功能、情感、沟通、经济和环保等方面进行论述的创新报告十分关键。项目团队首先要确定目标人群具备哪些多样性，再据此决定是否需要排除某些人群。

项目团队确保报告的准备过程各方关键人员都参与了，并且报告在基层员工、经理、客户、供应商、家人或朋友的协助下进行了修改。总之，所有项目团队都希望争取到的客户和用户最好都参与进来，参与者的多样性越强，报告就越真实、可靠。

还有其他一些方法可以辅助找到设计方案的正确方向（见图 8-4 ），提出满足用户需求的设计方案。

1 测试新产品
2 倾听客户的心声
3 确保行动的灵活性

◎ 图 8-4 辅助找到设计方案的正确方向的 3 种方法

1. 测试新产品

在新产品上市和宣传活动开始之前，项目团队通常要对其进行最终测试。例如，在正式发行软件之前，要推出软件的试用版本，开发者会根据来自多方的试用反馈找出和修正软件的缺陷。

如果更多的企业能够接受发行试用版本，那么广大用户都将因此受益。

2. 倾听客户的心声

项目团队不仅要将客户列为研究对象，还要与团队的成员、自己的朋友沟通，不要停止倾听。

项目团队不能只倾听自己的想法，所有和设计过程有关的人都会或多或少地了解客户需要什么。

3. 确保行动的灵活性

设计的规划阶段并非一个线性的过程。在很多情况下，项目团队有必要重复最初的几个阶段，修改某些方法或确定一些假设。如果在后续确定了某些可供实施的方案，就应该保持灵活性，在实施方案阶段根据实际情况对方案进行适当的调整。

第 9 章

设计的可用性测试及设计评价

9.1 可用性测试

可用性设计的一个重要方面是测试原型，整理相关反馈，为下一个原型设计做好准备。

史蒂夫·克鲁格在他有关互联网可用性设计的《别让我思考》（*Don't Make Me Think*）一书中，概括了有关产品设计测试的 4 个要素，如图 9-1 所示。

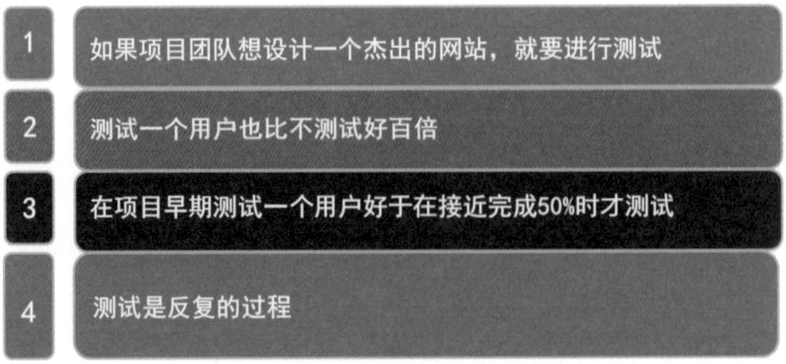

1	如果项目团队想设计一个杰出的网站，就要进行测试
2	测试一个用户也比不测试好百倍
3	在项目早期测试一个用户好于在接近完成50%时才测试
4	测试是反复的过程

◎ 图 9-1 《别让我思考》一书中有关产品设计测试的 4 个要素

可用性测试可以被用来测试准确性、效率、记忆度和情绪反应。

1. 如果项目团队想设计一个杰出的网站，就要进行测试

任何项目团队在进行一个项目几周之后，都不会再有新鲜感。让其他人对项目进行测试是一个好办法，能迅速得到反馈。

2. 测试一个用户也比不测试好百倍

任何形式的测试都对项目有益。例如，Future Platforms 设计公司没有时间找外部用户测试他们的 App，于是他们直接找公司里的其他员工、员工的家属和朋友做测试。一般来说，这就足以得到相关的、有用的反馈。

3. 在项目早期测试一个用户好于在接近完成 50% 时才测试

如果一个项目团队测试得足够早，就不会花很长时间。不管怎样，及时性对测试一个大项目的原型和缩微版而言都很有意义。

4. 测试是反复的过程

项目团队如果只测试一次就下结论，认为没问题、可以继续，那么测试根本没用。每个项目团队都会在项目周期内做循环测试。

9.1.1 可用性测试的种类与目的

一般而言，可用性测试可以被用来测试准确性（Accuracy）、效率（Performance）、记忆度（Recall）和情绪反应（Emotional Response）。在这四者之中，准确性、效率和记忆度是比较客观的标

准，因此测试者大多使用量化的方式来做评估。而情绪反应则是一种主观的感受，因此测试者需要搭配质化的评估来进一步认识受测者心里的反应和想法。

准确性测试的目的在于观察在一群受测者中，能够成功完成任务的受测者所占的比例有多大。假设项目团队正在设计一种新的网络付款服务，在界面的信息架构及操作流程规划完成之后，就应该通过可用性测试来确认有多大比例的用户能够成功地走完付款流程。在准确性测试的过程中，除了"成功"和"失败"这两个结论，测试者还要观察和记录在操作过程中，受测者经常在哪些步骤停顿、反复或犯错，以及受测者所采取的步骤是否与项目团队的预期一致。

效率测试的主要功能在于计算受测者完成任务所需要的时间。假设项目团队正在设计一个网络商城，用户需要多长时间才能完成会员登录、找到想要的物品或者完成付款流程，这些都是必须测试的项目。效率测试也可以用来比较几种不同的设计，利用客观的数据资料，找出实际操作起来效率最高的设计。效率测试和准确性测试相仿，除了从开始到完成的时间这个主要结果，在效率测试的过程中同样有其他细节的资料可供参考，如受测者在每个阶段所花的时间、所采取的步骤等。

记忆度测试是一个比较特别的项目，因为它所测试的是受测者能够回忆起来的过程或印象，这种记忆可以是短期的（马上测试）或是长期的（隔了一段时间才测试）。界面和互动流程的记忆度越高，对于可用性的帮助就越大。此外，记忆度测试还可以用来让设计师了解用户到底"看"到了界面上的哪些东西。可用性测试专家贾里德·史普就发明了一个名为"5 秒钟测试"的网络服务。通过这个服务，设计师可以了解一般人在用 5 秒钟扫描项目团队所设计的页面之后，能够回想起来的东西有哪些。虽然目前有眼球追踪（Eye

Traclcing）技术可以用来追踪眼球的运动，但还是无法确认信息是否成功进入受测者的知觉印象之中。只有通过记忆度测试得来的资料，才能够真正让设计师认识留在用户脑海中的记忆。

记忆度的另外一种测试方式是让受测者在完成第一次测试之后，隔一段时间再接受一次完全相同的测试。将两次测验的结果相比，就能够看出受测者对于第一次测试所留下的记忆是否对第二次测试有帮助。

受测者情绪反应的相关信息，可以通过观察、问卷调查和访谈来取得。一般的可用性测试过程会全程录像，因为测试者必须记录受测者的面部表情及肢体语言。通过这种细节的详细观察，测试者可以了解在操作过程中，受测者所经历的自信、疑惑、不耐烦、开心等各种情绪反应（见图9-2）。问卷调查及访谈可让受测者进一步陈述自己的经验、喜欢或不喜欢的部分，甚至表示会不会将产品推荐给朋友等。

◎ 图9-2　受测者的情绪反应

9.1.2　可用性测试的场地

传统的可用性测试是在特定的实验室内进行的，这种完全控制环境的好处在于能够隔绝一切干扰，让受测者能够专注地完成测试。不仅如此，录像、录音、眼球追踪及其他器材的安排也会比较容易，因此它对于深入的质化的研究相当有利。

前文中的"隔绝一切干扰"，我们可以说它是一项优点，也可以说它是一项缺点，因为毕竟任何产品的真实使用都不是在完全隔离的状态下发生的。因此，近年来有许多专家建议，可用性测试应该在产品实际被使用的场所内进行。这种测试方式特别适合为特定场所设计的产品，如为某企业设计的仓储物流管理软件或资料管理系统，如果在办公室内进行可用性测试，就能够观察产品与实际工作流程的结合。

随着网络通信的发达，近年来常见的第三种测试是通过网络在虚拟空间进行的遥控测试。遥控测试的受测者直接在家中或自己选择的空间中进行测试，而测试的数据和结果会直接通过网络被传到测试者的计算机中。遥控测试的好处在于不受时间和空间的限制，因此较容易进行大规模、量化的普查性测试。但遥控测试过程中的状况变量比较多，而且测试者也不太容易观察受测者的表情和肢体反应，因此不利于质化的深入研究。一般在特定实验空间内进行的可用性测试会使用两三台视频录制设备来记录操作过程中受测者的反应，而这对遥控测试而言是无法做到的。

9.1.3　受测者的选择及测试前的准备工作

受测者的基础来自设计方案的用户概况分析，每个产品都会有特定的用户群体，这一方面的研究与讨论，应该在设计方案刚开始的阶段就已经做过明确的界定。

受测者必须能够代表用户群体，否则，得来的结果将无法反映真实用户的需求。目前，业界对于受测者的数量并没有达成共识，杜马和蕾蒂许在 1999 年的研究中指出，每次可用性测试都应该有 5～20 个受测者。当然，质化与量化的研究所需要的受测者数量不同，雅各布·尼尔森建议，量化的研究应该有 20 个受测者，而质化的研究只需要有 5 个受测者。

在决定测试种类与目的（准确性、效率、记忆度和情绪反应）、场所（实验室、产品实际被使用的场所、虚拟空间）、研究方法（量化或质化）及受测者的人数之后，下一项准备工作就是制定一个合理的情境剧本。制定情境剧本的目的在于创建一个产品的真实使用情境，如针对网络银行的设计，情境剧本可能包括登录、账户余额查询和转账。只有根据情境剧本，才能够发展出一套合乎情理的任务脚本（Task Script），也就是以文字告诉受测者，他们必须执行的每一项任务。

如果测试目的包括情绪反应，测试者就必须准备一份调查问卷，在受测者完成任务之后，让他们以填写调查问卷的方式说明自己的经验和对整体流程的印象。要成功完成一次可用性测试，关键在于一致性，也就是所有受测者都必须有相同的任务脚本和调查问卷，这样才能排除过程中的变量，收集到有效的资料。

9.1.4 可用性测试方法

为了让可用性测试足够高效且能够达到预期的效果，设计师可以进行 3 种不同类型的可用性测试（见图 9-3）。

◎ 图 9-3　3 种不同类型的可用性测试

分析法是让产品可用性工程师及用户界面设计师等专家，基于自身的专业知识和经验进行评价的一种方法。其特点是主观、评价结果是假设的、时间长、花费多、评价范围广、在设计初期也可以评价。

1. 探索性测试

当产品设计尚且处于早期的 UX（User Experience，用户体验）设计阶段时，设计师可以进行探索性测试。设计师为用户展示产品的线框图或者低保真原型，并观察他们的反应。探索性测试旨在发现用户对产品概念的理解，以及他们在面对产品时心理变化的历程。

2. 评估性测试

在产品已经拥有了比较完整的原型之后，设计师就可以进行评估性测试。这种测试方法有助于评估产品（如 App 和网站）设计的有效性，以及用户对产品的满意度。实时的测试有助于追踪用户的实际反馈和出错状况，搜集到的信息能用来消除已经发现的可用性问题。

3. 比较性测试

当设计师需要在几种不同的设计方案之间做出选择时，就可以通过比较性测试来评估设计方案，并与创意团队分享数据，从而做出决策。设计师可以让专家来评估各种设计方案之间的差异和优缺点，选择最适合用户的设计方案。具体到产品可用性测试方法，比较性测试主要分为分析法和实验法。

1）分析法

分析法是让产品可用性工程师及用户界面设计师等专家，基于自身的专业知识和经验进行评价的一种方法。其特点是主观、评价结果是假设的、时间长、花费多、评价范围广、在设计初期也可以评价。

分析法常用于可用性检查阶段。常见的分析法如图 9-4 所示。

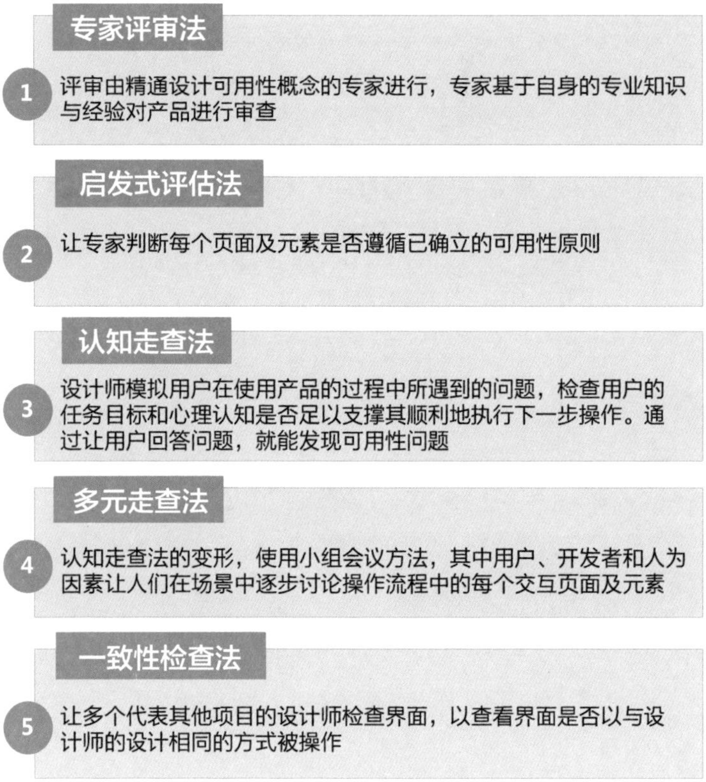

专家评审法

1 评审由精通设计可用性概念的专家进行，专家基于自身的专业知识与经验对产品进行审查

启发式评估法

2 让专家判断每个页面及元素是否遵循已确立的可用性原则

认知走查法

3 设计师模拟用户在使用产品的过程中所遇到的问题，检查用户的任务目标和心理认知是否足以支撑其顺利地执行下一步操作。通过让用户回答问题，就能发现可用性问题

多元走查法

4 认知走查法的变形，使用小组会议方法，其中用户、开发者和人为因素让人们在场景中逐步讨论操作流程中的每个交互页面及元素

一致性检查法

5 让多个代表其他项目的设计师检查界面，以查看界面是否以与设计师的设计相同的方式被操作

◎ 图 9-4　常见的分析法

　　由于专家评审法过度依赖专家自身的专业知识与经验，为了得到一个更客观的结果，尼尔森根据多年可用性工程的经验创造了启发式评估法。启发式评估法使专家按照公认的可用性原则来审查用户界面中的可用性问题，并通过一系列原则对它们进行分类和评分。尼尔森十大交互定律是行业中最常用的可用性评估原则，如图 9-5 所示。

　　启发式评估法的步骤如图 9-6 所示。

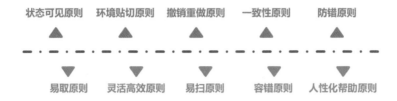

状态可见原则　环境贴切原则　撤销重做原则　　一致性原则　　防错原则

易取原则　　灵活高效原则　　易扫原则　　　容错原则　　人性化帮助原则

◎ 图 9-5　尼尔森十大交互定律

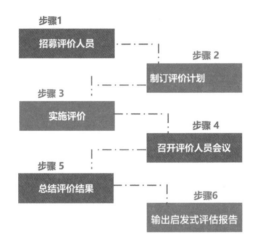

步骤1
招募评价人员

步骤 2
制订评价计划

步骤 3
实施评价

步骤 4
召开评价人员会议

步骤 5
总结评价结果

步骤6
输出启发式评估报告

◎ 图 9-6　启发式评估法的步骤

步骤 1：招募评价人员。

尼尔森认为，一个人评价大约只能发现 35% 的问题，因此需要 3~5 人才能得到稳妥的结果，能够进行启发式评估的人可以是用户体验设计师、交互设计师、UI 设计师等。界面的原设计师是不适合评价界面的，因为评价结果可能不够客观，或者界面的原设计师发现问题就直接进行修改而不会反馈。

步骤 2：制订评价计划。

评价产品的所有功能是比较困难的，所以要事先定好评价界面的哪些部分，以及依据哪些原则进行评价。

步骤 3：实施评价。

最好对界面进行两次评价：第一次检查界面的流程是否正常，第二次详细检查各界面是否存在问题。应禁止评价人员之间相互讨论，以避免评价结果被权威人士影响。

步骤 4：召开评价人员会议。

评价人员在完成各自的评价后，要集中开会，并汇报评价结果。在会议上描述问题的同时将界面显示出来效率会更高。

启发式评估法的优点：通过单独评价和评价人员之间的讨论这两次过滤，可以发现单独一人不能发现的跨度较大的问题。

步骤 5：总结评价结果。

在汇总所有的评价结果后，评价人员就可以整合评价的问题列表了。可能会有一个问题存在多种表达方式的情况，所以评价人员需要对问题列表进行适当的整理。

步骤 6：输出启发式评估报告。

启发式评估法的输出成果是产品可用性问题列表。但如果评价人员只给出列表，那么其他团队成员可能会难以理解，因此最好配上界面截图、流程图等，输出一份简洁的启发式评估报告。

启发式评估报告（表现形式为启发式评估问题列表）示例如表 9-1 所示。

表 9-1　启发式评估问题列表示例

序号	界面	问题	原则	严重程度	解决方案
1	个人信息	各信息的编辑按钮位置不一致	一致性	高	保持各信息的编辑按钮的一致性
2					
3					

搜集真实的用户使用数据比较典型的方法是实验法（用户测试法）。其特点如下：客观；评价结果是事实的；时间长；花费多；评价范围较窄；为了做评价，必须准备原型。

平心而论，启发式评估法打算作为帮助新手从业者进行可用性测试的"脚手架"，因此它无论如何都无法与专家可用性测试方法相提并论。而且，只有专家才能通过可用性测试方法发现问题，而不是使用启发式评估法的都是专家。启发式评估法是由多位专家基于自身的经验和启发式原则，对用户界面进行的评估，因此专家会发现很多问题。实施启发式评估法需要多位专家在限定的几天内进行作业，成本较高。

因此，企业应结合实际情况对启发式评估法进行简化，可以只由一两位专家进行简单审查，这种做法被称为启发法。不过，在不提供客观的判断标准，且检验人员数量又少的情况下，评价结果可能会被指责"这些问题只是检验人员的主观想法而已"。

2）实验法

搜集真实的用户使用数据比较典型的方法是实验法（用户测试法），问卷调查等方法也属于此类。其特点如下：客观；评价结果是事实的；时间长；花费多；评价范围较窄；为了做评价，必须准备原型。

可用性工程师与用户进行一对一访谈（理想情况是，观察者与用户互不相识，以便搜集更多客观数据），其他团队成员在监听室观察整个访谈，而且用户操作计算机时的界面和声音都会被录下来。可用性测试的基本内容是相同的：为用户构建一个场景，让用户通过使用产品完成特定的任务，在用户执行任务的过程中，观察者观察用户遇到的问题。

实验法包括发声思考法、回顾法和性能测试等。

发声思考法就是让用户一边说出心中想的内容一边操作的方法。在操作过程中，用户能够说出"我觉得下面应该这样操作……"，项目团队就能了解用户关注的是哪个部分、用户是怎么想的、用户采取了怎样的操作等信息。这是一种能够弄清楚为什么会导致不好结果的非常有效的评估方法。

回顾法是让用户在操作完后回答问题的方法。

性能测试一般在项目前后实施，目的是设置目标数值、把握目标的完成程度和改善程度。

发声法和回顾法都是一对一的形式，但性能测试是定量测试，若参与测试的人太少，则可信度太低，就不能用来说明问题。因此，性能测试经常以集体测试的形式进行，每 1 或 2 个用户配备一个监督者，负责制定测试内容、确认完成任务、检查任务完成时间等。

实验法的基本步骤如下。

步骤 1：设计任务。

可用性测试是基于任务的，任务设计的优劣能直接影响测试结果的准确性。因此，在招募用户前，项目团队应针对产品设计任务。

步骤 2：招募用户。

从理论上说，招募对象应该是产品的典型目标用户，但项目团队仍然需要定义具体的用户特征，即招募条件。项目团队可以从在早期市场调研阶段建立的用户画像中提取用户特征作为招募条件，招募的用户要尽可能地代表将来的真实用户。如果目标用户画像分为几类，就要求招募的用户中要包括所有类型的用户。被招募的用户应具备使用产品执行任务的能力，如项目团队一定不会找不会使用计算机的人来体验软件产品。

步骤 3：准备工作。

① 测试地点与工具的准备：专业的测试一般在实验室内进行，实验室有观察室与操作室，测试者与用户在操作室内进行可用性测试，其他团队成员在观察室中观察，两个房间通常由单面镜隔开。推荐使用能同时录制用户屏幕和用户表情，具备画中画功能的软件，因为观察用户屏幕有助于了解用户做了什么，观察用户表情有助于了解用户的情绪（如困惑、恼怒等）。

总之，方法和工具有很多，只要不影响测试并便于团队成员观察即可。

② 任务相关资料的准备：准备任务提示卡和一张用于记录用户要完成的任务的卡片，有些任务可能比较复杂，这样可以更准确地传达任务信息，且便于用户主动查看；准备一份数据搜集表格，用于搜集与任务相关的数据，如任务是否完成、完成时间等；准备用于记录关键事件和在测试过程中观察到的用户体验问题的表格，如设计可能存在的问题及原因等。

③ 相关文件的准备：更专业的用户可用性测试，会与用户签署一些协议。

④ 可用性测试剧本的准备：可用性测试剧本是项目团队从接触用户、开场白、开始测试、事后访谈、给予奖励并送走用户的整个过程中要进行的行为与要说的台词的集合，测试者按照可用性测试剧本来推动可用性测试的进行。

步骤 4：试点测试。

试点测试可以被理解成在进行可用性测试之前的彩排，无论制订了多么周密的测试计划，不实践一下都不能发现计划中的问题。试点测试的目的就是对测试计划进行测试，以便于发现测试计划中的疏漏并及时修复，以免浪费测试资源。

步骤 5：观察和访谈。

① 邀请关键干系人观察测试。建议邀请产品的核心研发人员、设计师、项目经理等来观察测试，因为这样可以使测试结果更有说服力。如果没有这些人来观察测试，测试结果的可信度对他们来说就大打折扣。因此，越多关键干系人观察到了测试，就越有利于后续产品优化方案的执行。

② 尽量不要干扰用户执行任务。在进入正式测试环节后，测试者就不能像在事前访谈一样不断地向用户提问了。因为测试的主角是用户，所以测试者应安静地观察用户的操作并记录，尽量不要干扰用户执行任务。

当用户对当前操作存在疑问时，如用户问："我现在可以按这个按钮吗？"测试者不可以直接回答用户应该如何操作，以及每个按钮代表什么，也不可以无视用户的问题，因为这样可能会引起用户的不满情绪。此时，最合适的方式应该是测试者回复："您觉得应该是怎样呢？是什么让您觉得应该是这样的？您怎么想就怎么做，没关系的。"把问题推给用户，并让其有一定的安全感，即使做错了也没关系。测试者只负责告诉用户"做什么"，至于"怎么做"，这是需要用户通过操作反馈给我们的信息。

③ 适当干预用户的操作。实验法中最常用的方法就是发声思考法，它要求用户在进行操作的同时将所思所想大声说出来，以便测试者了解用户的心理活动，以及用户在每个操作流程中关注了哪些元素并如何看待这些元素。测试者知道了这些才能更好地根据用户心智模型改进产品。

但在实际测试中，很少有用户会把自己的所思所想直接说出来，有的是因为害羞，有的是因为感到不自在而难以做到。这时，测试者就需要进行适当的干预，如询问用户："您正在看什么呢？""您现在想进行什么操作呢？""这是否和您的预期一致？"通过这类问题试探用户的想法，并鼓励用户进行思考。

原则上，只要用户操作得很顺利，测试者就不需要进行干预。测试者只需在用户碰到问题时进行干预，进而了解用户遇到了什么问题。用户的困惑可以通过其肢体语言表现出来。例如，用户皱眉、喘粗气、清嗓子、挠头、突然停下动作等，都暗示了用户在当前界面遇到了麻烦，所以测试者应重点留意用户的肢体语言。

但切忌帮助用户进行预判断和给予用户提示，如"这个按钮可能设计得不太合理"。测试者只负责观察和记录用户的行为，不能引导用户操作和帮助用户判断。

④ 重点观察和记录用户在什么界面说了什么、做了什么。测试者记录这些客观事实即可，不要带着自己的观点去观察。如果为了证明某个设计是对的/错的，而带着寻找证据的心态去观察，就可能忽略一些信息，因为人们往往只看到自己想要看到的。

记住：测试者要记录的是客观事实，而不是自己基于客观事实的推断和分析。可能测试者看到用户的操作心里马上就有了一个推断，这没问题，但要区分出客观事实和推断。因为分析是在搜集完数据之后才应该做的事。在记录问题的同时，测试者也要关注用户操作流畅的地方，避免最后修改了不必修改的地方。

⑤ 使用回顾法进行提问。有时，测试中出现了问题，但出于某种原因测试者不便打断用户进行深入提问，以免用户的思考被中断而遗漏了某些有用的信息。这时，在测试完成后，测试者要对测试中出现的问题进行提问。例如："您刚才在 ×× 界面停留了很久，能告诉我当时您在思考什么吗？"这样就能通过回顾法补全测试中遗漏的信息。

步骤6：分析。

① 整理数据，判断产品是否需要迭代。通过测试，项目团队要判断交互设计是否达到了用户体验的目标水平。分析数据的第一步是整理测试结果，通常要绘制一个表格，表格内容通常包括用户角色、用户体验目标、用户体验测量、测量方法（任务）、用户体验度量、基准值、目标值、观测结果、是否实现目标等信息（见表9-2）。

表9-2　可用性测试数据整理表示例

用户角色	用户体验目标	用户体验测量	测量方法（任务）	用户体验度量	基准值	目标值	观测结果	是否实现目标
购物者	测定易用性	初始用户性能	购买一件100元以上的T恤	执行任务的平均时间	3	2.5	3.5	否

通过比较观测结果和用户体验目标，就可以知道哪些用户体验目标已经实现、哪些没有实现。如果用户体验目标没有实现且资源充足，产品就需要进行迭代。这时，项目团队需要具体分析每个用户体验问题，并给出解决方案。

② 分析问题的影响程度。并非所有问题都是平等的，一些问题会带来负担，用户必须先处理。其他错误可能会带来用户的情绪问题，让用户重复操作，但不会引发新的问题。

了解问题的严重性，能帮助项目团队更好地对用户体验问题的优先级进行排序，并通过问题性质和问题发生频率来确定问题的影响程度。

不管测试了多少人，项目团队都可以用3个范围来表示频率：1个人、几个人、所有人（几乎所有人）。例如，10个人可能被分为1个人、2~7个人、8~10个人3个范围。

基于问题性质和问题发生频率建立一个表格，如表9-3所示。

表9-3　问题影响度分析表示例

	效果	效率	满意度
高	4	3	4
中	9	8	3
低	7	6	5

其中，列代表问题发生频率，行代表问题性质。把标记了黄色的问题定义为必须解决的问题，把标记了绿色的问题定义为最好去解决的问题，把标记了蓝色的问题定义为在资源充足的情况下可以去解决的问题。资源总是有限的，不可能每个问题都去修复，项目团队必须通过分析问题的影响程度确定要修复的问题。

③ 制作用户体验问题描述。以表格来体现用户体验问题的数据比较简略，不利于其他人了解详细情况和参考，所以项目团队需要对每个问题进行一些信息补充，让用户体验问题在数据分析中变得更有价值。

项目团队需要做的是了解每个问题及其产生的原因和可能的解决方案，将表示同一个用户体验问题的多个用户体验问题进行合并（一般会有重复出现的问题），并认清各个问题之间潜在的关系。

步骤7：重新设计。

通常来讲，项目团队会针对每个问题都给出一个解决方案。这是一个贯穿产品开发过程持续循环的过程：不断地发现问题—分析问题产生的原因—修复问题—测试问题是否已得到解决。对设计进行修改可能会使用户体验变得更糟糕，所以项目团队在设计时要考虑修复用户体验问题是否会造成新问题。问题与解决方案信息表示例如表9-4所示。

表 9-4　问题与解决方案信息表示例

问题	重要性	解决方案	修复成本	优先级	决策
用户搞不清楚支付界面的繁多按钮，无法快速找到支付按钮	4	删减不必要的元素，突出支付按钮		5	在这个版本中修复

步骤 8：输出可用性测试报告。

可用性测试报告的价值在于：记录评估过程，帮助企业内部人员了解测试过程和内容，为产品开发过程提供有价值的信息，开发团队知道了问题所在才能更好地进行开发。

由上所述，我们可以明白分析法与实验法的主要区别在于是否有用户参与其中。分析法的参与者是具备可用性知识的设计师与工程师。分析法最大的缺点是，它得到只是分析者的假设或观点，在团队成员意见不一致时，他们并不能够提出支持自己意见的有力证据，为了结束争论，就只能通过实验法。实验法的参与者是目标用户或"小白"用户。从某种程度而言，分析法和实验法之间存在互补的关系。

9.2　成功度的评估

"没有经过测量的不能算数，没有经过评估的自然贬值。"

在实现满足用户需求的产品的设计过程中，衡量设计是否成功的方法之一是评估最终设计的质量。这里的设计是指创新的整个过程及其结果——产品，也包括沟通活动、包装、说明、售后服务等。评估全面设计的质量相当于间接评估企业战略的实施成果。

> 对设计质量进行评估的 3 个最基础的标准：实用性、表达性和可靠性。

如何衡量设计的质量？笔者及所在团队在研究中根据产品设计的有效性、企业定位及其网络形象和以用户为核心的沟通方式对一个企业进行了设计评估。笔者及所在团队针对各个方面所做的评估都离不开以下 3 个最基础的标准：实用性、表达性和可靠性。

9.2.1 实用性

就实用性而言，有如图 9-7 所示的适用于所有潜在用户的 5 个衡量标准。

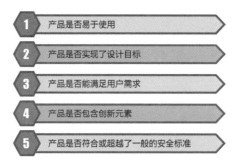

1 产品是否易于使用
2 产品是否实现了设计目标
3 产品是否能满足用户需求
4 产品是否包含创新元素
5 产品是否符合或超越了一般的安全标准

◎ 图 9-7　适用于所有潜在用户的实用性的 5 个衡量标准

为了衡量产品的实用性，笔者及所在团队采用了如图 9-8 所示的 3 个标准。

1 从定位来看，企业的目标是否易于理解
2 通过产品指标，是否能够明确把握企业的意图
3 产品指标是否符合企业的使命

◎ 图 9-8　产品实用性的 3 个衡量标准

针对网站设计，笔者及所在团队考虑到如图 9-9 所示的 4 个衡量标准。

◎ 图 9-9　网站实用性的 4 个衡量标准

9.2.2　表达性

笔者及所在团队按如图 9-10 所示的标准衡量产品、定位设计及网站设计的表达性。

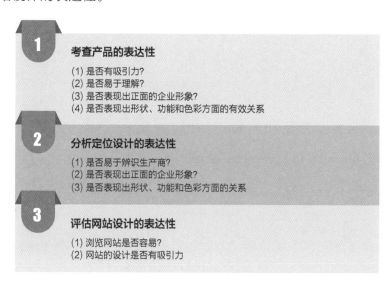

◎ 图 9-10　表达性的衡量标准

9.2.3　可靠性

可靠性的衡量标准如图 9-11 所示。

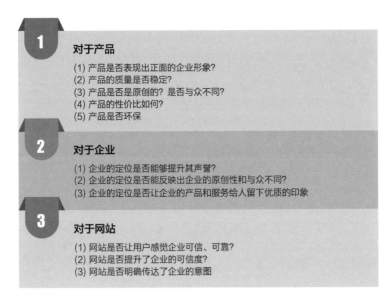

1　对于产品
(1) 产品是否表现出正面的企业形象？
(2) 产品的质量是否稳定？
(3) 产品是否是原创的？是否与众不同？
(4) 产品的性价比如何？
(5) 产品是否环保

2　对于企业
(1) 企业的定位是否能够提升其声誉？
(2) 企业的定位是否能反映出企业的原创性和与众不同？
(3) 企业的定位是否让企业的产品和服务给人留下优质的印象

3　对于网站
(1) 网站是否让用户感觉企业可信、可靠？
(2) 网站是否提升了企业的可信度？
(3) 网站是否明确传达了企业的意图

◎ 图 9-11　可靠性的衡量标准

　　实践证明，以上衡量标准是设计质量评估的有效工具。就设计评估而言，飞利浦是个很好的例子。飞利浦相信好的设计就是创造满足用户需求的产品和解决方案，从而给人们带来力量和快乐；此外，还要尊重人们的生活环境。飞利浦把设计和人体工程学结合起来，并将其渗透到从产品开发、生产到销售的每一个细节。

　　飞利浦认为，设计是创新的动力之一。飞利浦的设计部门知道公司的目标是在深入理解人们的需求和愿望的基础上创造有意义和实用的解决方案。

　　飞利浦的设计评估指标如图 9-12 所示。

　　图 9-13 为飞利浦 M7 Faro 无绳家庭电话，它将优雅而不妥协

的设计与创新且实用的功能相结合。它具有来电显示和显示时间的功能，还具有即时访问免提系统及带贪睡功能的闹钟功能。

1	是否满足用户需求
2	是否表现出审美元素（如形式、色彩、材质、图案等），并将各种元素以恰当的方式整合到产品中
3	创新程度
4	人体工程学与可理解性
5	安全性
6	环境保护
7	能源消耗的有效性
8	材料使用和生产过程的有效性
9	公司内部与外部生产过程的适应性
10	与公司其他产品的兼容性和一致性

◎ 图 9-12　飞利浦的设计评估指标

◎ 图 9-13　飞利浦 M7 Faro 无绳家庭电话

飞利浦旗下的 5000i 系列空气净化器（见图 9-14）曾斩获包括红点和 IF 在内的 6 项国际设计大奖。

◎ 图 9-14　飞利浦 5000i 系列空气净化器

5000i 系列空气净化器适用于面积高达 130 平方米的房间。其多层过滤系统减少了房间内的异味、过敏原和污染物。其实用的 4 色显示屏有助于监控空气质量：窄环通过从蓝色（好）到红色（坏）的梯度可视化室内空气的状况。用户还可以通过应用程序控制空气质量并操作设备。

这种双力空气动力空气净化器通过减少 PM2.5、过敏原、病毒、细菌、有害气体（包括甲醛、总挥发性有机化合物等），改善室内空气质量。专业级 AeraSense 和气体传感技术以实惠的价格提供实时监控和高性能。其紧凑的设计比以前的 6000 系列减少了 30％ 的体积，同时仍然支持面积高达 130 平方米的房间。符合人体工程学的按钮面板可改善用户控制体验，同时无线连接和应用程序允许用户随时随地改善室内空气质量。

◎ 图 9-15　飞利浦全新一代的
LED 汽车照明产品

从 1914 年的第一款车灯起，飞利浦就引领汽车照明革新，其实只有一个简单的初心——革新，只为行车更安全。为此，飞利浦的项目团队不断努力创新，推出全新一代的 LED 汽车照明产品（见图 9-15）。它采用源自硅谷的 DNA 芯片技术，不仅拥有时尚的外观设计，性能好、易于安装，拥有 6000K 时尚白光，提亮更是高达 200%，为驾驶者提供安全与激情兼具的非凡体验。该产品荣获 2019 年度红点设计奖。

9.3　设计评价

9.3.1　设计评价的基本概念

设计评价是对设计价值的一种衡量和判定。按照西蒙的说法，设计本是"人类有目的的创造性行为"，表现为对一系列问题的求解活动，即发现问题、分析问题和解决问题的活动，是一个不间断的设计决策过程。设计的价值体现为其结果的合目的性及过程的合规律性；设计评价既是对最终效果的评判，又是对过程效率的衡量。正确的设计决策依赖于持续的、有效的设计评价活动。设计决策与评价过程如图 9-16 所示。

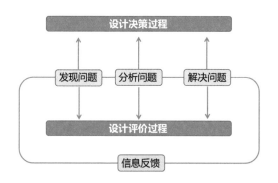

◎ 图 9-16　设计决策与评价过程

J. 克里斯托夫·琼斯指出："设计评价是设计过程管理的重要环节，具体来说就是在最终方案确定前，从诸多备选方案中，对其在使

设计评价是对设计价值的一种衡量和判定。设计评价渗透到包括项目管理、组织管理及策略管理的各个层面之中。

用、生产和营销方面表现的正确性给予评价。"在早期工业社会的大背景下，设计评价观念比较注重产品的质量和成本的监控，随着后工业社会（或称信息社会）的到来，市场竞争态势日趋复杂多变，设计评价日益转向产品开发的整个过程，包括前期的策略研究、产品概念创意、工程技术设计，以及产品销售以后的设计跟踪评价。

同时，设计评价还渗透到包括项目管理、组织管理及策略管理的各个层面之中。因此，基于设计管理框架的设计评价应是以系统的方法，对企业设计管理的各项内容及设计创新的全过程进行监控、评价，从而确保实现设计目标。因此，设计评价可被理解为产品设计和开发的优化过程。

◎ 图 9-17　设计管理领域中的设计评价的分类

从属性上讲，设计管理领域中的设计评价的分类如图 9-17 所示。

（1）预测评价是在没有实质性结果的情况下，对市场趋势、竞争态势及相应的设计策略和产品计划制定的预见性评价，通常发生在项目实施之前或之中。

（2）结果评价是对设计的最终成果进行的全面评价，通常发生在项目实施后期，如对制造性、产品化、营销效果、使用效果、耐久性等结论性的评价。

（3）过程评价融合了预测评价和结果评价的部分内容，是对项目实施过程中的目标指向性、效率等问题的评价，是对设计阶段性成果的评价，通常发生在项目进程的节点上。节点是两个阶段性工作单元相互交接的中间环节。过程评价的任务是评价前一阶段的设计成果，预测今后的设计走向，从而为做出有效的设计决策提供依据。设计评价的不同属性特征如表9-5所示。

表9-5 设计评价的不同属性特征

	预测评价	结果评价	过程评价
实施阶段	项目实施前或之中	项目实施后期	项目进程的节点
属性特征	对市场趋势、竞争态势及相应的设计策略和产品计划制定的预见性评价	对设计的最终成果进行全面评价	评价前一阶段的设计成果，预测今后的设计走向，从而为做出有效的设计决策提供依据

9.3.2 设计评价的元素与内容

按照商品设计的观点，应将工业设计评价的对象具体描述为"企业指向商品的产品或服务"，应包括一个完整的产品或服务的"生命历程"。仅就设计结果而言的评价往往会带来无法弥补的缺憾。设计活动本是一个不断评价、决策的过程，在任何环节都可能出现失误和偏离目标的情况。因此，仅就设计结果而言的评价往往忽略了最容易发生问题的阶段和步骤，使得一些本来细微的错误或误差累积起来，最终偏离了设计的方向。只有根据设计进程而同步实施设计评价，才有可能最大限度地降低设计风险，保证设计决策的正确性和有效性。可以说，一个"好"的设计结果极大地依赖于开发过程中的体系化和制度化的设计评价活动。

1．设计评价的元素

商品设计评价的范畴包括前商品阶段、商品阶段和后商品阶段3个阶段，并且每个阶段都包括若干子阶段。在每个阶段中，评价所面对的不仅是具体的物，还有诸如计划、设计、生产、营销、使用、维护及废弃等不同的事，包括人、物、环境、条件等因素的适应性关系。这种关系又是通过以下评价要素体现出来的：技术、材料、成本、工艺、经营策略、营销策略、美学、使用性、安全性、社会效益、环境影响等。在实际的设计进程中，由于各个阶段事的关系不同，因此在不同阶段对这些评价要素便会有所偏重，如在前商品阶段偏重于对技术和成本等要素的评价；在商品阶段偏重于对营销策略、美学要素的评价；在后商品阶段偏重于对使用性、安全性和环境影响因素的评价，如图 9-18 所示。

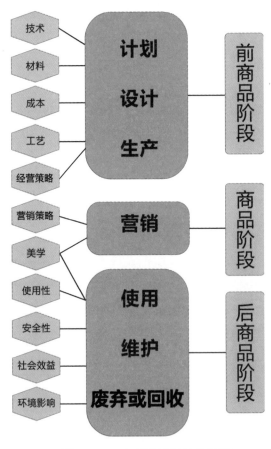

◎ 图 9-18　商品设计评价的范畴

在企业实际的评价活动中，对商品阶段和后商品阶段的预测评价应该有机地融入并集中体现在前商品阶段的评价因素中，因为前商品阶段的计划、设计、生产活动是后面营销、使用、维护、废弃或回收环节的基础和保证。总体来说，评价要素是相互融合、相互影响的，对其单独进行评价是片面的，因此预测评价的结果必须被置于整体的评价环境中，经过综合考虑、分析才具备应有的价值和意义。

总之，商品设计评价的范畴包括处在设计进程中的一系列的事物，评价的本质就是通过对评价要素的衡量和评测来考查评价标准与各评价要素的适应性程度。

2. 设计评价的内容

设计评价是设计管理的重要组成部分，因此其内容就是设计管理核心内容的转译。当然，这些内容会与上述评价要素交织在一起并相互影响，因此我们必须综合起来，从设计管理的角度整体地进行分析、评价。

设计管理的内容极具弹性，它随企业对设计的重视程度及设计自身内容的不断拓展而不断充实和发展。早期设计管理的内容集中在对设计组织的管理上，简单地说就是管理人。设计管理是为了提高设计部门的效率而进行的将设计部门的业务体系化、组织化、制度化等方面的管理。此后，随着市场竞争激烈程度及设计活动复杂性的增加，企业对其产品发展策略和具体项目进程的管理日渐重视。英国人艾伦·托帕利安将设计管理内容分为两个层次。

（1）较低层次的设计项目管理：主要解决项目运行中的具体问题，属于短期行为。

（2）较高层次的企业设计管理：主要围绕使设计活动为企业经营带来效益，属于长期行为。设计师钟在 1989 年提出了设计管理涉及的 3 个层次，如图 9-19 所示。

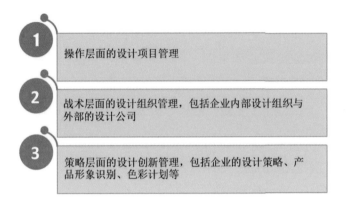

◎ 图 9-19　设计师钟在 1989 年提出的设计管理的 3 个层次

随后，英国国家标准机构（BSI，1989）也参考这 3 个层次提出管理产品设计的指导原则，设计管理的相关内容随即被纳入英国的官方体系之中。

英国的设计委员会（UK Design Council）根据设计管理的内容，制定了一套系统的评价方法，用于对企业的综合设计力（Design Capability）进行全面评价。该方法涉及更为详尽的评价内容，包括企业的设计计划、设计过程、设计资源、设计师及设计文化几个方面。

根据设计师钟提出的设计管理的 3 个层次，笔者将设计评价的内容相应划分为 3 个方面，即对设计策略的评价、对设计团队的评价、对设计项目的评价，如图 9-20 所示。

◎ 图 9-20　设计评价的内容

9.3.3　设计评价的方法

目前，国内外已提出 30 余种设计评价方法，可分为如图 9-21 所示的 3 类基本方法。

◎ 图 9-21　设计评价的 3 类基本方法

（1）经验性评价方法：当方案不多、问题不太复杂时，评价者可根据自己的经验，采用简单评价法对方案做定性的粗略分析和评价。例如，评价者可采用淘汰法，将各个方案加以比较并择优。

（2）数学分析类评价方法：运用数学工具进行分析、推导和计算，得到定量的评价参数的评价方法。常用的数学分析类评价方法有名次记分法、评分法、技术-经济评价法及模糊评价法等。

（3）试验评价方法：对于一些较重要的方案，当采用分析和计算方法仍不够有把握时，就可通过试验（模拟试验或样机试验）对方案进行评价，这种方法所得到的评价参数准确，但代价较大。

在设计评价的 3 类基本方法中，最常用的有如图 9-22 所示的几种。

◎ 图 9-22　最常用的评价设计方法

上述这些评价方法各有特点，在对具体项目进行评价时，评价者可根据不同项目内容和阶段选择不同的方法。不同评价方法的比较如表 9-6 所示。

表 9-6　不同评价方法的比较

方法	特点	适用的情况
简单评价法	①简单、直观。 ②精度低，粗略分析	①定性、定量的各种评价项目。 ②对评价精度要求不高的情况
名次记分法	①简单。 ②精度较高。 ③一般需多人参加评价	①定性、定量的各种综合评价项目。 ②对评价精度有一定要求的情况。 ③方案不多的情况
评分法	①精度高，稍复杂。 ②需多人参加评价。 ③分多个目标评价。 ④工作量较大	①定性、定量的项目，但更适用于定量的项目。 ②对评价要求较高，且方案较多的情况。 ③需考虑加权系数的评价（用有效值法计算总分），但也适用于不考虑加权系数的评价
技术-经济评价法	①复杂，精度高。 ②如用S图，较直观。 ③一般需多人参加评价。 ④需利用其他评价方法获得评分数据	①技术及经济性评价项目。 ②对评价要求较高的情况。 ③方案较多时更适用。 ④需表明改进方向的评价
模糊评价法	①需引进语言变量描述，使模糊信息数值化。 ②需经过调研而获得评价数据	①对造型色彩、装饰质感等的评价。 ②人性、安全性的评价。 ③有关文化的和审美的评价

9.3.4　设计评价的过程

1. 设计程序与设计评价

无论理论家如何划分设计的程序，也不管评价是否被作为一个必要环节而被独立划分出来，在或简单或繁复的设计阶段转换中，评价活动都发挥着不可替代的重要作用。

结合以上提到的各类设计程序，我们可以归纳出设计过程的几个基本步骤，这些基本步骤将尽可能地适用于各类商品的设计开发活动：即设计策略、创新计划、概念设计、深入设计、商品化及后商品阶段的反馈和使用调研。设计评价活动有机地融入其中，成为设计程序不可分割的一部分。图9-23描述了设计程序的基本特征。

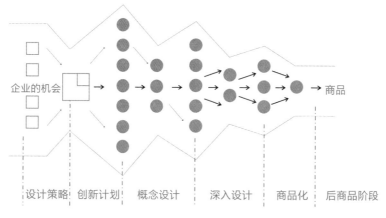

◎ 图9-23　设计程序的基本特征

（1）设计策略与评价。策略是企业根据内外部环境所采取的一系列指导方针和计划。设计策略的制定是企业设计活动实施的前提，也是企业寻求以设计创新求发展的基本保证。这个阶段是将设计评价程序应用于企业商品设计的起点，这个阶段的评价是对设计策略是否符合企业自身的能力、市场的需要及竞争环境做出的现实性评价。实际上，这个阶段的评价主要围绕企业的机会、市场机会、技术机会和竞争机会等展开，意味着企业将明确战略重点、界定创新范围、规划企业的未来。

（2）创新计划与评价。创新计划是依据企业的设计策略制定的具体设计规划和安排，具体来说"是对项目任务的陈述，即定义产品的目标市场、商业目标、关键假设和限制条件"。因此，创新计划必须明确以下问题：从事什么项目的设计开发？如何描述具体的产品（新产品、改良产品、平台产品、派生产品）？不同的设计项目之间如何联系，以便传达企业的整体策略？具体项目的时间安排及开发顺序是什么？创新计划的意义在于，将企业抽象的战略目标变为现实的行动方针，用于指导和规范具体的设计开发活动。这个阶段的评价就是基于企业的设计策略及市场目标，对计划的可行性进行全面的预测评价。

（3）概念设计与评价。概念设计是整个设计项目的关键阶段，需要提出创意理念，并将其视觉化；初步探讨材料和工艺的可行性，并将设计师的艺术感受、流行趋势与产品的功能性有机结合。从本质上看，对创意概念的评价是一个持续地组织、激励和管理的过程，其目的是更好地保证创意的丰富和流畅，并最终导向表达设计策略的方向。所以，概念设计评价包括如图 9-24 所示的 3 个层次。

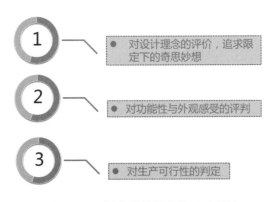

◎ 图 9-24　概念设计评价的 3 个层次

只有综合考查概念设计评价的 3 个层次，才能做出概念设计的方向性评价。值得注意的是，概念设计通常需要经过不止一轮的评价活动才能确定，它是一个反复斟酌的过程。这个阶段难以得到有关技术、成本等方面的定量信息，因此评价者应多从定性的角度考虑。在有效信息不足的情况下，评价者在制定评价标准时不要急于确定加权系数，而应比较平均地看待各评价要素的重要性。从经验上看，为了保证日后的设计决策有更大的余地，评价者会选择多套概念设计方案进行深化。

（4）深入设计与评价。深入设计是将选定的概念方案精细化的过程。在这个阶段中，所有产品要素都将得到深入表达与评价，具体到产品的人机尺度、操作界面、使用性及形状的细微变化、色彩的搭配、材料的质地、结构件的配合等。这个阶段的评价活动不同于上述主要依靠定性方式的评价阶段，将更多地依赖于各种现行的工艺、结构设计标准、规范和实验评价法对产品进行全面评价。最终输出的设计结果应该深入到与批量化生产相衔接的状态。

（5）商品化与评价。商品化阶段是设计开发的最后环节，但对设计评价来说，这远远不是结束。商品化阶段要思考将产品推向市场的所有工作，包括综合测试、技术验证、成本评估、包装设计、广告设计、营销计划、价格策略、商品试销等。其目的是全面评估产品的可行性和预测市场对该产品的接受程度，并为其全面进入市场做好技术与策略准备。

（6）后商品阶段与评价。在商品化之后，设计评价的工作是持续观察市场、商家、消费者和相关维修服务人员的反馈，以及商品在使用、废弃、回收等过程中给社会、环境带来的影响，并对照现实情境与商品的综合市场反应对设计评价过程进行回顾和反思。所有这些信息都将成为企业不断改进产品，以及调整设计策略和制订新一轮设计计划的重要依据。

图 9-25 显示了设计程序与设计评价的关系。其中，左列表示设计程序，中列表示设计评价的主要任务，右列表示设计评价可能使用的相关技术。

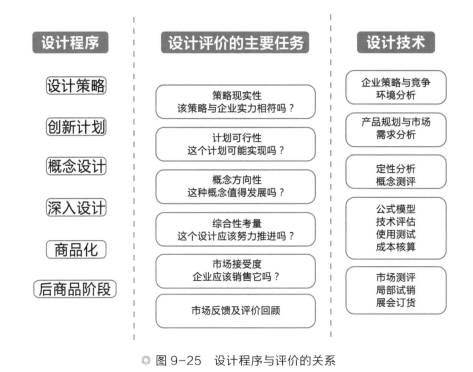

◎ 图 9-25　设计程序与评价的关系

设计程序与设计评价的关系反映了如图 9-26 所示的 3 个重要思想。

1　无论是技术驱动型还是消费者驱动型商品，设计评价活动都开始于企业设计策略的制定，而不仅限于对设计结果的评价

2　评价过程与设计过程构成一个完整的链状结构，彼此交织，不可分割，任何环节缺失了评价，都会影响整个设计项目的顺利进行

3　设计评价并非止步于商品化阶段，而是延续到后商品阶段的市场信息反馈，包括商品的购买、使用、废弃和回收全过程的评价

◎ 图 9-26　设计程序与设计评价的关系反映的 3 个重要思想

同时，评价者应主动回顾评价及决策的过程，总结经验教训，不断完善设计评价机制。最后需要注意的是，上述设计程序的阶段划分是相对的，其界限十分模糊。实际上，一个阶段的设计活动也可能延

一般来说，商品设计评价遵循这样的步骤：即明确评价问题、确定评价标准、组建评价组织、选择评价方法、实施评价活动、处理评价观点和数据、输出评价结果、反馈评价信息。

伸到另一阶段之中，它们相互联系、彼此渗透。例如，虽然在制定设计策略前进行了市场调研，但在后续的设计进程中，由于构思或情报资料不足，项目团队仍需重复进行市场调研来完善信息库。所以，设计评价的程序也不是僵化的，而需要根据动态的设计发展进程不断地进行相应的调整。

2. 设计评价的一般步骤

对于设计进程中的每个环节，设计评价活动都具有一般的基本步骤。这样的讨论可以细化到每个评价阶段，如对概念设计的评价或对工程设计的评价等。而一旦深入到具体的、单一目标的操作流程，所谓的"程序"就超出了本章节的内容，接近具体方法研究的领域了。下面分别对评价活动的一般步骤和实施评价的具体步骤进行分析。

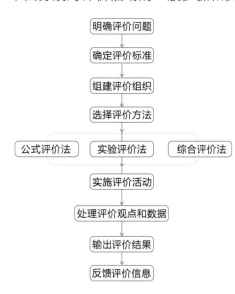

一般来说，商品设计评价遵循这样的步骤：明确评价问题、确定评价标准、组建评价组织、选择评价方法、实施评价活动、处理评价观点和数据、输出评价结果、反馈评价信息，如图 9-27 所示。

（1）明确评价问题。清晰地界定评价问题的范畴、性质，并明确相应的评价目标是设计评价的首要步骤。明确评价问题即了

◎ 图 9-27 商品设计评价的一般步骤

解评价所面对的是设计策略问题、组织问题还是具体的项目问题，是项目进程中的概念设计问题、技术设计问题、成本规划问题还是营销问题；该设计项目是技术驱动型商品还是消费者驱动型商品；具体的目标消费人群定位等。对评价问题的范畴和性质进行探讨是确定具体评价目标的前提。

（2）确定评价标准。这里所指的评价标准是基于评价目标制定的标准体系。我们称之为标准体系，有以下几个原因。一是因为体系内有多个指标，且指向同一目的。二是因为它是一个多层级的结构化系统，如总体标准、一级指标、二级指标、三级指标等。指标层次的排列呈现由简到繁的趋势。例如，一级指标较二级指标简单、抽象，而二级指标较一级指标复杂而具体，以此类推。三是因为各指标在评价体系中与评价目标的关系不同，所以其权重不同，每个指标都应有适当的权重。评价标准体系是进行评价的关键和基本依据。评价标准体系的确定与其是否恰当、适度，将直接影响评价结果的输出。因此，在设计评价程序中，尽早确定评价标准是颇为重要的步骤。

（3）组建评价组织。在一定的评价标准体系下，根据评价问题的范畴和性质选择参与评价的不同职能人员，即组建评价组织。对有些企业来说，在项目的初始阶段就已经完成了评价组织的构建与制度化运行，所以这个步骤只是针对一般性评价过程所设立的。

（4）选择评价方法。在具体实施评价活动之前，企业还需要根据具体情况来选择适当的评价方法。设计评价的方法是广泛借鉴管理学、运筹学、市场学、系统科学、决策理论、计算机虚拟技术、机械制造和通常的产品设计领域的评价方法而综合形成的。对不同的评价问题的范畴和性质，以及不同的设计开发阶段来说，评价方法的选择会有很大差异，并且有可能创造新的方法。

（5）实施评价活动。有了对具体评价问题的清晰界定和评价标准、评价组织及评价方法的保证，设计评价工作便可以进入具体的实施阶段。这包括一系列的执行程序，即先将"问题"（策略、计划、方案、原型等）有效地输入评价活动中，然后获取评价组织的观点和数据信息。

（6）处理评价观点和数据。评价组织对从评价活动中获取的观点和数据信息进行归纳、整理。在这一步骤中，各种定量的数据处理方法得到广泛使用，其目的是将评价组织的评审意见，客观、明确、图表化地表达出来，从而有利于最终评价结果的产生。

（7）输出评价结果。根据评价数据分析结果，评价组织得出评价结果。值得注意的是，评价组织的最终判断不完全依赖于数据化的统计结果，而是结合感性、直觉的经验与各种相关因素做出的综合评价。其输出的评价结果将作为企业领导层决策的重要依据。

（8）反馈评价信息。输出评价结果并非设计评价程序结束。在完成实质性的设计评价后，企业还应结合下一步设计工作的效果对整个设计评价程序及所采用的评价标准、评价方法、评价组织等要素进行全面反思和评价，以便不断修正与完善企业的评价机制。任何评价体系都是动态的、开放的，当限定因素改变时，制度本身必然要与时俱进。

3. 具体实施

设计评价的具体实施步骤与所选用的评价方法有着密切的关系。不过，程序与方法有一定的区别。程序更强调工作执行的过程和先后步骤，相对方法来说，弱化了目标的逻辑。或者说程序可能面对多个目标。

我们选择某种使用专家意见法进行设计评价的过程进行分析。我们可以将具体评价过程分为 3 个步骤，即评价项目陈述、专家质询和研讨、形成评价意见，如表9-7所示。

表9-7 实施评价的具体步骤

步骤		内容	方式
第一步	评价项目陈述	评价负责人介绍项目背景及评价目标。 设计师具体介绍方案的构想和进展情况	汇报文件
第二步	专家质询和研讨	设计师系统地介绍方案的具体构想，提供方案图纸、模型或样机、测试数据和实验报告等资料。 与会专家对设计的细节进行深入研讨。 评价负责人对照评价会议提纲控制研讨的方向和进程	会议讨论
第三步	形成评价意见	评价组织得出评价结果	设计评估表

（1）评价项目陈述。这是评价过程的第一步，由评价负责人介绍项目背景及评价目标。例如，该项目可能是设计一款面向儿童的外语学习机，我们设想一个由多名专家参与的评价会议，这些专家是企业指定的或临时召集的设计评价组织的成员。会议由一名评价负责人主持，一般来说，评价负责人是该项目的经理。

评价工作是从功能、使用、技术、成本和趣味性等角度对设计部门提出的设计方案进行评价等。设计师具体介绍方案的构想和进展情况，其介绍应该包括如图9-28所示的内容。

（2）专家质询和研讨。在这一步骤中，设计师系统地介绍方案的具体构想，与会专家对设计的细节进行深入研讨，并可以提出一些新的设想。特别是针对一些引发争议的环节要进行反复论证。由此看来，评价者的知识结构和经验水平是影响评价结果的关键因素。

在设计评价的整个过程之中，评价负责人要不断对问题引发的争论进行及时协调，同时要不断强化目标意识，避免研讨偏离评价的主题。

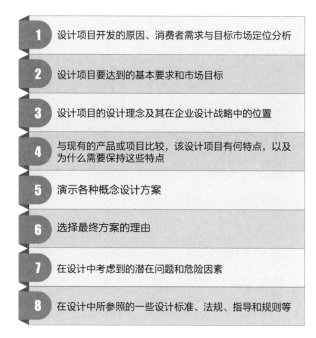

1	设计项目开发的原因、消费者需求与目标市场定位分析
2	设计项目要达到的基本要求和市场目标
3	设计项目的设计理念及其在企业设计战略中的位置
4	与现有的产品或项目比较，该设计项目有何特点，以及为什么需要保持这些特点
5	演示各种概念设计方案
6	选择最终方案的理由
7	在设计中考虑到的潜在问题和危险因素
8	在设计中所参照的一些设计标准、法规、指导和规则等

◎ 图 9-28　评价项目陈述的内容

为了保证效率，设计师对评价会议要有充分的准备，随时向专家提供设计的方案图纸、模型或样机、测试数据和实验报告等资料；评价负责人也应对评价过程中可能出现的问题进行全面的分析和系统的梳理，并事先准备一份包括如图 9-29 所示的要点的评价会议提纲。

（3）形成评价意见。前两步的评价活动使设计的概念和所有细节得到了充分的论证，这一步将对该项目得出评价结果，以便为下一步的设计决策提供依据。例如，哪些问题还需要进一步测试或研究，哪些信息或数据还需要进一步搜集或测算，设计方案是否需要改动或修改哪些具体内容等。

从上述分析中可以看出，设计评价是有组织地应用一定的评价标准与评价方法，对设计问题及成果所进行的价值分析、评估活动。而设计评价程序则是评价活动运作的时间次序的标志。设计及其评价的系统运作，总体上是一种由抽象到具象、由观念到行为的螺旋式上升与发展的进程。可见，设计评价程序具有如图 9-30 所示的 4 个特点。

1 设计方案是否合理

2 设计方案是否已经满足了消费者的基本需求

3 设计所提供的功能是否被消费者接受

4 使用的评价方法是否得当

5 设计的可行性、操作性和维修性是否经过了有效验证或测试

6 测试或实验数据是否能够支持设计的结果

7 在设计的某些方面是否存在比以往更高的风险

8 设计满足了部分要求还是整体要求

9 哪些问题在设计中尚未被解决

10 这些问题是否能在既定的时间内得到有效解决

11 设计图纸是否齐全、准确，以及是否进行过有效审核

12 设计是否符合进入下一步生产的要求

◎ 图 9-29 评价会议提纲

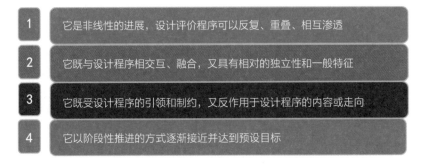

1 它是非线性的进展，设计评价程序可以反复、重叠、相互渗透

2 它既与设计程序相交互、融合，又具有相对的独立性和一般特征

3 它既受设计程序的引领和制约，又反作用于设计程序的内容或走向

4 它以阶段性推进的方式逐渐接近并达到预设目标

◎ 图 9-30 设计评价程序的 4 个特点

总体来看，设计评价程序的制定和执行应具有一定的目的性、计划性、组织性和灵活性。设计评价程序是依据目标而启动，为解决特定的问题而设置的；每个程序的执行都需要一定的资源，如人力、物力、时间等。而要让这些资源发挥最大效益，企业就需要视问题的轻重、大小、主次、缓急、繁简来有效调度和管理程序；在何时、何种状况下，由哪个部门执行何种程序等，企业都必须做出周密的安排，同时必须灵活变通。

参考文献

［1］戴力农. 设计调研：第 2 版［M］. 北京：电子工业出版社，2016.

［2］斯通. 如何管理设计流程：设计执行力［M］. 刘硕，译. 北京：中国青年出版社，2012.

［3］柴邦衡，黄费智. 现代产品设计指南［M］. 北京：机械工业出版社，2012.

［4］乌利齐，埃平格. 产品设计与开发：第 5 版［M］. 杨青，等译. 北京：机械工业出版社，2015.

［5］刘新. 好设计·好商品：工业设计评价［M］. 北京：中国建筑工业出版社，2011.

［6］师建华，黄萧萧. 创新思维开发与训练［M］. 北京：清华大学出版社，2019.

［7］加勒特. 用户体验要素：以用户为中心的产品设计：第 2 版［M］. 范晓燕，译. 北京：机械工业出版社，2019.